空间钢结构生命周期力学分析：设计与施工期

Life-cycle-mechanics Analysis of Spatial Steel Structures: Design and Construction Stages

刘　城　吴天河　徐春丽　著

中国建筑工业出版社

图书在版编目（CIP）数据

空间钢结构生命周期力学分析：设计与施工期＝
Life-cycle-mechanics Analysis of Spatial Steel
Structures：Design and Construction Stages/刘城，
吴天河，徐春丽著. —北京：中国建筑工业出版社，
2022.2（2023.8重印）
ISBN 978-7-112-27026-2

Ⅰ.①空… Ⅱ.①刘… ②吴… ③徐… Ⅲ.①空间结
构-钢结构-工程力学-分析 Ⅳ.①TU391-39

中国版本图书馆 CIP 数据核字（2021）第 270238 号

本书结合课题组在空间钢结构非线性有限元理论以及结构承载力方面的研究成果，对空间
钢结构整个生命周期的非线性力学问题进行了分析和介绍，对包括结构的非线性分析理论、承
受静动力荷载的承载力分析、施工阶段的找形控制与失效机理等对象进行了深入性、扩展性的
研究，并结合数值分析算例，将随机因素引入结构的稳定承载力分析。

本书可供高等院校土木工程专业高年级本科生或者研究生、老师、科研人员参考。

责任编辑：刘瑞霞
责任校对：赵 菲

空间钢结构生命周期力学分析：设计与施工期

Life-cycle-mechanics Analysis of Spatial Steel Structures：
Design and Construction Stages

刘 城 吴天河 徐春丽 著

*

中国建筑工业出版社出版、发行（北京海淀三里河路 9 号）

各地新华书店、建筑书店经销

北京科地亚盟排版公司制版

建工社（河北）印刷有限公司印刷

*

开本：787 毫米×1092 毫米 1/16 印张：10¼ 字数：251 千字
2022 年 9 月第一版 2023 年 8 月第二次印刷
定价：**50.00** 元
ISBN 978-7-112-27026-2
（38840）

前　言

随着时代的发展和科技的进步，人们对大空间、大尺度结构的需求逐步增加，建筑的外观造型愈趋复杂美观。由于结构形式的限制，一般平面结构，如刚架、桁架、拱等很难跨越更大的空间来满足飞速发展的社会需求。由于空间钢结构具有优良的三维受力特性，可跨越更大空间，以及适应不同建筑造型和功能的要求，可满足新时代对建筑结构的特殊要求，故拥有良好的发展前景。

本书对常见空间钢结构的全生命周期进行了较全面的分析，并给出了一些算例。全书共分5章，第1章概述了空间钢结构的概念、发展历程、构型以及结构全生命周期的性能分析；第2、3章介绍了空间钢结构设计阶段非线性分析理论以及全过程分析方法，依据不同类型结构，主要包括结构静力稳定分析和动力稳定分析，介绍了空间网格结构的非线性分析方法以及全过程分析步骤，继而分析了弦支穹顶结构的非线性分析理论及不同单元的非线性有限单元法，介绍了弦支穹顶结构的动力性能以及静力性能，并通过相关的算例进行详细的讨论和研究；第4、5章主要为空间结构施工阶段的受力分析，基于施工阶段的分析方法，对施工阶段的施工工艺、数值模拟方法进行详细介绍，从而对空间结构施工阶段的找形分析、支撑卸载分析、施工参数以及控制理论进行讨论，最后结合施工案例，更加详细和准确地将工程实际与理论进行结合讨论。读者可根据自己的需求研读相应章节。另外，本书在理论部分对空间钢结构不同服役阶段的受力机理进行了详细论述，并和各种结构的实例分析相结合，以方便广大设计人员、高校师生理解。本书内绝大多数算例利用了ANSYS进行求解，具有较强的可借鉴性。

本书在参考大量国内外文献的基础上，融入了作者近年来的教学、科研成果以及上海宝冶集团有限公司的工程项目实践经验。本书在编写过程中得到了广西大学科技处、数学与信息科学学院和上海宝冶集团有限公司建筑设计研究院的大力支持，特在此一并致谢！

我亦由衷感谢本人的启蒙老师刘锡良教授和已骑驴仙去的沈祖炎教授。他们两位均是我的"一句话"师父。他们的学术思想像颗种子一样活在我的心中。

由于作者水平有限，加之时间仓促，不足之处在所难免，希望读者不吝批评指正。

作　者

2021年11月

于谢菲尔德大学校园

目　　录

第1章 概 述

1.1 空间钢结构的发展

随着时代的发展和科技的进步，人们对大空间大尺度结构的需求逐步增加，建筑的外观造型愈趋复杂。由于结构形式的限制，一般平面结构，如刚架、桁架、拱等，很难跨越更大的空间来满足飞速发展的社会需求。空间结构具有三维空间形状及三维受力特性，可跨越更大空间，能适应不同建筑造型和功能的要求，可以满足新时代建筑结构的要求。

1.1.1 空间钢结构的概念

大跨度空间钢结构广泛应用于各种大型体育场馆、剧院、会议展览中心、机场候机厅等标志性建筑中，是以新材料、新技术、新工艺为综合技术的现代文明建筑代表。空间钢结构建筑通常面积和体积都很大，该结构类型的迅速发展，有效地解决了大跨度建筑空间的覆盖问题，同时也创造出了丰富多彩的建筑形象。空间结构系统有各种形状的折板结构、壳体结构、网架壳体结构以及悬索结构等。

1.1.2 我国空间钢结构的发展历程

国内的大跨度空间结构领域经历了4个发展时期：第一时期为20世纪50年代末—60年代中期，为空间结构领域的开创时期，主要以薄壳结构和悬索结构的研发与应用为主；第二时期为20世纪70年代末—80年代末，为空间结构领域的快速发展期，重点在网架结构与悬索结构的研发与应用；第三时期为20世纪90年代初—2000年，为空间结构领域的重点发展期，主要加强了网架CAD设计软件、膜结构、斜拉结构、网壳结构的研发与应用；第四个时期为2000年以后，为空间结构领域的全面发展期，开展了大跨度结构的风工程研究、索与张弦结构的研究，并在该时期承担了多项大型大跨度结构的设计与分析咨询工作。

20世纪50年代末，在何广乾、朱振德的带领下，相关研究人员也以空前的热情投入于薄壳结构、悬索结构的理论研究。在薄壳结构方面，主要以微分方程求解的连续化方法对球壳、圆柱面柱、双曲扁壳、组合扭壳等进行了系统的研究，推导了组合型扭壳的变分方程，发表了一大批高质量的论文。薄壳结构跨度大、造型美观、材料用量省（采用混凝土、钢筋用量少），同时结构与建筑围护合二为一，总体造价低。除模板制作稍麻烦外，施工相对简便，计算分析可用连续化方法求解。当时对悬索结构的分析方法采用连续化分析方法，曾对各种类型的索结构进行过系统的模型试验与理论研究，包括单索、圆形双层悬索、伞形预应力悬索与鞍形索网结构。重视对网架结构的研发，其重点为如何建立离散型的求解方程与解决高次方程的求解问题，其研究成果应用于首都体育馆。该网架计算中

1

利用对称性，用差分法以手工方式填写总刚矩阵，在当时中科院计算中心完成了国内网架结构的第一次电算。该网架结构为当时国内最大跨度，至今仍是最大跨度网架结构之一，是该时期网架结构的代表性工程。

在 20 世纪 70 年代末，主要由中国建筑科学研究院牵头，在建筑结构研究所蓝天、董石麟的带领下进行了大量的试验研究与理论分析，解决了网架结构计算分析、设计构造与制作安装等方面的技术难题，开发出螺栓球节点网架与有中国特色的焊接空心球节点网架；建筑标准设计研究所张运田针对常用建筑平面与各种跨度完成了焊接空心球节点与螺栓球节点的网架屋盖结构标准图。

20 世纪 80 年代初，结构工程师以新的结构形式来代替平板网架，悬索结构再次得到重视，其优美的曲线造型利于被建筑师们采用。在理论研究方面，建筑结构研究所编制出可用于索网结构、拉线塔的非线性分析软件。20 世纪 90 年代初，网架结构计算分析方面取得了重大突破，国内的几家研究单位、高校与设计单位都先后开发出实用化的网架结构 CAD 程序。建筑结构研究所研发了网架、网壳 CAD 设计软件 MSGS，其功能包括网架与网壳结构的前处理、杆件满应力设计与自动构造调整、焊接空心球与螺栓球节点的自动设计、网架与网壳结构施工图与加工图的绘制等功能，使网架与网壳的设计快速、准确。这一时期，网架结构的应用仍是主流，网壳结构的跨度进一步加大，以索参与组合的杂交结构（斜拉结构等）得到重视。20 世纪 90 年代初，建筑结构研究所与哈尔滨建筑大学合作完成了建设部课题"悬索与网壳结构应用关键技术"，主要负责网壳结构 CAD 技术与单层网壳装配式刚性节点研发，该成果 1997 年获国家科技进步二等奖。

1965 年，我国第一本空间结构方面的规程——《钢筋混凝土薄壳顶盖及楼盖设计计算规程》BJG 16—65 完成，主要以薄壳结构的设计计算方法与规定为主，对以后薄壳结构的设计与施工起到了积极的指导作用。该规程于 1992 年开始修订，采用以概率理论为基础的极限状态设计法替代原规范的容许应力设计法，补充了薄壳结构地震作用的验算等内容，并于 1998 年发布。20 世纪 80 年代初颁布了《网架结构设计与施工规定》JGJ 7—80，该规定由蓝天任主要起草人，对当时的网架结构科研成果与工程情况进行了全面的总结与提炼，其内容包括结构选型、分析与设计、节点构造、制作与安装等，对保证网架结构的设计与施工质量、加强技术管理起到了积极的作用。该规定的颁布使设计、施工安装有章可循，是网架结构得以快速发展的关键因素之一。该规定同时也是国际上最早的在网架结构设计与施工方面的技术规程。从 1995 年开始，以在网壳结构方面的研发与大量的工程应用为基础，开始进行《网壳结构技术规程》的编制工作，并于 2003 年正式颁布为行业标准《网壳结构技术规程》JGJ 61—2003。2010 年《空间网格结构技术规程》JGJ 7—2010 发布，将《网架结构设计与施工规程》JGJ 7—91 和《网壳结构技术规程》JGJ 61—2003 两部规程从技术上合二为一。

1.2 空间钢结构的构型

1.2.1 刚性结构

1.2.1.1 网架结构

网格结构是由杆和梁柱单元集成的三维几何不变结构体系，分为网架结构和网壳结构。其中平板式形状的网格结构称为网架。

图 1-2-1 网架结构

网架结构具有刚度大、自重轻、塑性韧性好等优点，因此被广泛用于大跨度公共建筑和工业建筑领域（图 1-2-1）。进入 21 世纪以后，我国的科学技术和经济都取得了长足进步，在建筑结构方面，大跨度结构得到很大的发展。工业厂房、体育馆、游泳馆等大跨度、大开间、大柱距的一些建筑都采用了网格结构，该类建筑往往承担着生产、活动、学习等功能，也是人流密集的场所。

1.2.1.2 网壳结构

1. 概念

网壳结构是由杆系结构组成，杆件能够组成各种艺术造型，当这些杆系结构拼凑成一个整体网壳时，同时兼有了壳体的薄膜内力，可以很好地满足人类的各种相关需求，正是人类的这些要求给网壳的研究带来了巨大的发展机遇，促进了网壳结构的大规模使用，每一个崭新的网壳建筑的诞生都会成为一个区域独特的、代表性的建筑。目前，全世界已经建立了一大批富有艺术性的网壳建筑，如深圳湾体育中心、阿布扎比亚斯总督酒店等，如图 1-2-2 所示。

(a) 深圳湾体育中心

(b) 阿布扎比亚斯总督酒店

图 1-2-2 著名网壳结构

网壳结构中单层网壳结构是大跨度空间结构中应用最广泛的一种结构形式，单层球面网壳的主要优点为：结构受力合理、刚度大、重量轻、施工方便、成本低、结构形式新颖丰富、生动活泼、突出结构艺术表现力等。同时，单层球面网壳较低的用钢量是其最突出的特点，因此单层球面网壳结构也常作为各地的标志性绿色建筑，深受人们的喜爱。目前，单层网壳结构大量应用于公共服务型工程建筑，如大型体育场馆、剧场、游泳馆、火车站、展览馆、候机大厅等，其同样大规模地应用于工业建筑，如大型厂房、干煤棚等[1]。

2. 网壳结构的分类

早期单层球面网壳结构发展研究中按照网格划分形式主要有 7 种，分别为肋环型、施威德勒型、联方型、凯威特型、短程线型、三向格子型及两向格子型[2]，如图 1-2-3 所示。其中肋环型网壳主要由经向和纬向杆件组成，除了最内圈为三角形网格以外，其余均为四边形网格，这种网格形式通常应用于中小跨度穹顶。施威德勒型网壳为肋环型网壳的改进版本，主要由经向、纬向与斜向杆件组成，斜向杆件能够有效地提高结构的刚度，由于其具有较大的刚度，常用于大、中跨度的穹顶。联方型网壳主要由左右斜向杆件组成，其网格形式为菱形网格，左右斜杆的夹角一般为 30°～50°，可应用于大中跨度的穹顶。凯威特型网壳为了改变上述网格形式不规则的缺点，先由 N 根径向杆件均匀地将球面划分为相同的扇面，再由纬向杆件和斜向杆件均匀划分扇面为大小近似相同的三角形网格，这种网格划分形式不仅能够有效地提高结构的刚度，同时划分方式使得内力分布更加均匀，常常应用于大、中跨度的穹顶。短程线型球面网壳采用多面体划分法，是最典型、应用最广的网壳。三向格子型球面网壳是在球面上用三个方向相交成 60° 的大圆构成，或在球面的水平投影面上，将跨度 N 等分，再做出正三角形网格，投影到球面上后，即可得到三向格子型球面网壳，多应用于中、小跨度的穹顶。两向格子型球面网壳一般采用子午线大圆划分法将球面划分成一个个小四边形，多应用于大、中跨度的穹顶。

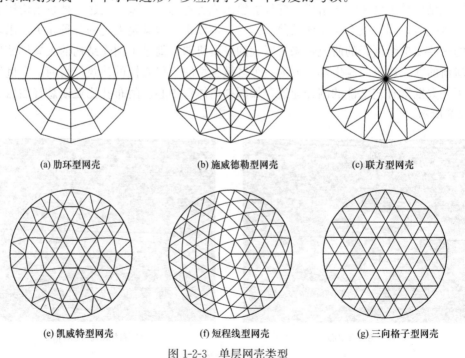

(a) 肋环型网壳   (b) 施威德勒型网壳   (c) 联方型网壳

(e) 凯威特型网壳   (f) 短程线型网壳   (g) 三向格子型网壳

图 1-2-3　单层网壳类型

3. 网壳结构的发展及应用现状

自"二战"以后国外兴起大跨度网壳的热潮，国外一系列的大跨度网壳争相新建起来，如以波兰沃波累体育中心、捷克布尔诺体育馆屋盖、美国夏洛特市竞技中心等为代表的网壳结构。其中日本是网壳结构发展最快的国家，20 世纪末大量的大跨度网壳穹顶新建起来，具有代表性的网壳建筑为东京穹顶、西武穹顶、出云穹顶、福冈穹顶、大阪穹顶、名古屋穹顶、札幌穹顶等。其中名古屋穹顶为单层球面钢网壳结构，跨度为 187.2m，是目前世界上最大的单层球面网壳，矢高为 32.95m，矢跨比为 1/5.68[3]。如图 1-2-4 所示。

(a) 名古屋穹顶室外　　　　　　　　　　　(b) 名古屋穹顶室内

图 1-2-4　日本名古屋穹顶

我国由于历史原因，与国外相比空间结构的建造起步较晚，但我国进入 21 世纪以来大跨度空间结构发展迅速，随着 2008 年北京奥运会、2010 年广州亚运会、2010 年上海世博会等成功举办，各类体育场馆与公共建筑大量涌现，如国家大剧院、上海科技馆、北京老山自行车馆、天津于家堡火车站[4]等（图 1-2-5）。

(a) 国家大剧院　　　　　　　　　　　　　(b) 上海科技馆

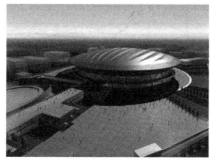

(c) 北京老山自行车馆　　　　　　　　　　(d) 天津于家堡火车站

图 1-2-5　中国著名网壳结构

1.2.2 半刚性结构

1.2.2.1 弦支穹顶结构的概念

经济发展提高人们生活水平的同时，也促进人类推陈出新、挑战新的极限，在建筑工程领域，一个明显的体现就是建筑物的最大跨度一再被超越。随着结构跨度的增大，人们不断构想出各种新型的大跨结构，包括悬挂结构、斜拉结构、张弦梁结构、索网结构和张拉整体结构等，弦支穹顶结构也是这样应运而生的，这些空间结构共有的特点就是利用高强度的索，大大减轻结构自重[5]。

弦支穹顶结构是 20 世纪 90 年代由日本法政大学川口卫教授等首先提出的新型复合结构体系，其复合的原型结构就是索穹顶及单层球面网壳。弦支穹顶可以看作是用刚性上弦层取代了索穹顶的上弦而得到，也可以认为是由拉索支承的单层网壳结构。同单层网壳相比，它具有更高的刚度和稳定性；同索穹顶相比，它又克服了柔性结构在施工中的困难，起到"扬长避短"的作用，可以更合理、更经济地应用于大跨度空间结构中（图 1-2-6～图 1-2-8）。

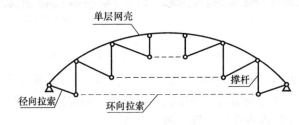

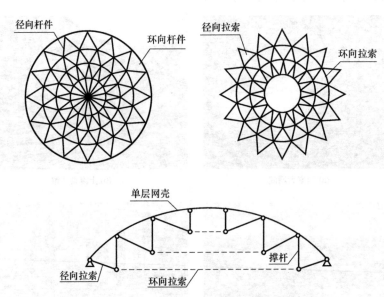

图 1-2-6　弦支穹顶结构体系简图

1.2.2.2 弦支穹顶结构的特点

弦支穹顶结构体系作为一种新型预应力空间复合结构体系，具有以下特点[6]：

（1）弦支穹顶结构属于一种预应力杂交空间钢结构体系，其中高强度预应力拉索的引入使钢材强度的利用更加充分，结构自重因此降低，同时使结构跨越更大的跨度。

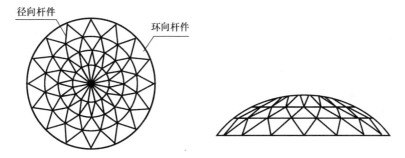

图 1-2-7　弦支穹顶结构上部形式

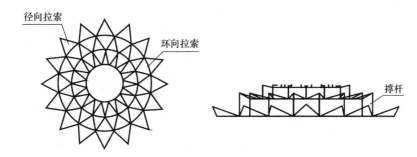

图 1-2-8　弦支穹顶结构下部形式

（2）通过对索施加预应力，上部单层网壳将产生与荷载作用反向的变形和内力，从而使结构在荷载作用下上部网壳结构各构件的相对变形小于相应的单层网壳，使其具有更大的安全储备；竖向撑杆对于单层网壳起到了弹性支撑的作用，可以减小单层网壳杆件的内力，调整体系的内力分布，降低内力幅值，从拉索强化单层网壳的角度出发，拉索部分不仅增强了总体结构的刚度，还大大提高了单层网壳部分的稳定性，因此跨度可以做得较大。

（3）弦支穹顶结构是一种应力自平衡体系，结构对于边界约束要求降低。因为上部刚性网壳对周边施以推力，而柔性的拉索对边界产生内拉力，二者结合可以相互抵消。适当的优化设计还可以达到在长期荷载作用下，结构对边界施加的水平反力接近于零。

（4）弦支穹顶结构由于其刚度相对于索穹顶的刚度大得多，使屋面材料更容易与刚性材料相匹配，因此其屋面覆盖材料可以采用刚性材料，如压型彩钢板、混凝土预制板或现浇板等的屋面结构。与膜材料等柔性屋面材料相比，刚性屋面材料具有建筑造价低，施工连接工艺成熟和保温遮阳性能相对较好等优点。

（5）弦支穹顶结构施工张拉过程比索穹顶结构等得到较大的简化。上部单层网壳为几何不变体系，可以作为施工时的支架，预应力可以简单地通过张拉环索、斜索或者调节撑杆长度来实现。从索穹顶的角度出发，虽然索穹顶的结构效能比较高，但是结构在施加预应力前后刚度的巨大变化，使得施工有一定的难度。因此，用刚性的上弦层取代柔性的上弦索，可以使施工大为简化，从而大大降低了施工费用。

这些与实际工程应用极其密切的特点，使该结构从一开始提出，就以自身优良的结构性能优势后来居上，具有很大的发展空间。

1.2.2.3 弦支穹顶结构工程应用

在随后的十多年里，弦支穹顶结构在日本得到广泛的应用，相继建造了几座以弦支穹顶结构为主要受力结构的场馆。在日本东京于 1994 年 3 月建成光丘穹顶[7]（图 1-2-9），跨度为 35m 的弦支穹顶用于前田会社体育馆屋顶上，屋顶最大高度为 14m，总质量为 1274kg，上层网壳由工字形钢梁组成。由于首次使用弦支穹顶结构体系，光丘穹顶只在单层网壳的最外圈下部设置了拉索，而且采用了钢杆代替径向拉索。继光丘穹顶之后，1997 年 3 月日本长野又建成了聚会穹顶[8]（图 1-2-10），跨度为 46m，屋盖高度为 16m，支承于钢筋混凝土框架上的周圈钢柱上。弦支穹顶结构在我国也有了广泛的应用，天津保税区商务交流中心大厅屋盖为弦支穹顶结构，跨度 34.5m，矢高 13.4m（图 1-2-11）。

(a) 光丘穹顶外景

(b) 施工中的光丘穹顶

图 1-2-9　日本光丘穹顶

(a) 聚会穹顶外景

(b) 聚会穹顶内景

图 1-2-10　日本聚会穹顶

天津博物馆贵宾厅[9,10]（图 1-2-12）采用弦支穹顶结构，跨度为 18.5m，矢高为 1.284m，单层网壳采用焊接球节点。下部采用撑杆、环索和径向索，在最终的结构形式中，全部用钢管代替了拉索，避免了索在压力状态下的松弛。昆明柏联广场采光顶采用直径为 15m、矢跨比为 1/25 的弦支穹顶结构，如图 1-2-13 所示。另外，已建成的武汉体育中心二期工程体育馆[11]（图 1-2-14）是 2007 年第六届全国城市运动会主要赛场之一，其屋盖为类弦支穹顶结构，上部采用双层网壳结构，其外形为椭圆抛物面，水平投影为一椭圆，长轴方向总长 165m，短轴方向总长 145m，投影面积 18800m²，下部共设 3 环拉索，每环均设双根环向索。2007 年建成的安徽大学磬苑校区体育馆为弦支穹顶结构体系，如

图 1-2-15 所示，钢屋盖净跨度 87.8m，挑檐跨度 97.9m。2008 年北京奥运会羽毛球馆[12]（图 1-2-16）是大跨度弦支穹顶结构在我国实际工程中的第一次应用，该主体结构跨度 93m，矢高 11m，下部共设 5 道环索。常州市体育馆上部屋盖为弦支穹顶结构，如图 1-2-17 所示，该结构在空间上呈椭球体，结构投影的椭圆长轴 114.08m、短轴 76.04m、矢高 21.08m。上部单层网壳中心部位的网格形式为凯威特型，外围部位的网格形式为联方型；下部的索系为 Levy 索系，由环向索和径向索构成，共设 8 道环索。最新建成的第十一届全国运动会济南奥体中心体育馆弦支穹顶结构跨度为 122m[13,14]，如图 1-2-18 所示，是目前世界上已建成的最大跨度弦支穹顶结构。

图 1-2-11 天津保税区商务交流中心大厅弦支穹顶

图 1-2-12 天津博物馆贵宾厅刚性弦支穹顶

图 1-2-13 昆明柏联广场采光顶

图 1-2-14 武汉体育中心二期工程

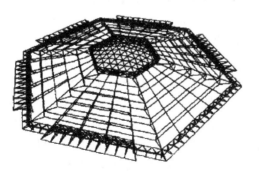

图 1-2-15 安徽大学体育馆弦支穹顶

图 1-2-16 2008 年北京奥运会羽毛球馆

图 1-2-17　常州市体育馆　　　　　　　　图 1-2-18　济南奥体中心体育馆

上述采用弦支穹顶结构的建筑，整体都比较轻巧，主要受力构件都是上部单层网壳（或双层网壳）。由于预应力索的存在，上部结构可以更轻盈、灵活，不仅结构的跨度越建越大，其形状也不再局限于圆形（比如椭圆），使得弦支穹顶结构的造型有了变化，大大拓展了弦支穹顶结构的适用领域。

1.3　空间钢结构全生命周期过程分析

1.3.1　空间钢结构设计阶段非线性力学分析

广义地说，任何结构都具有非线性性能，只不过对某些结构而言并不具有很强的非线性特性。因此，为了分析方便可以简单地运用线性理论，但对于某些具有强非线性特征的结构就不能用线性理论来分析了。目前，有限元非线性分析已经广泛应用到钢筋混凝土、网壳和桥梁结构中。

对于结构问题而言，可能具有三种非线性行为：材料非线性、几何非线性、力的边界非线性和位移边界非线性（包括接触非线性）。

在弦支穹顶结构中，主要存在的是几何非线性问题[15,16]。弦支穹顶结构是由刚性构件和柔性构件组合而成，通过对结构施加预应力使两者形成整体。在张拉成形过程中，结构可能经历较大的变形，而且由于索的存在，尤其是索的拉力较小时，索的刚度随索内拉力而显著变化，因此，弦支穹顶结构张拉阶段的受力分析必须考虑几何非线性才能准确体现结构的实际受力特征。

在静力分析中，是否考虑几何非线性的差别主要在于：几何非线性分析考虑结构变形对结构内力的影响，结构的平衡方程建立在变形以后的基础上；线性分析则忽略结构变形对结构内力的影响，结构的平衡方程始终建立在初始不受力状态的位置上。

数值分析是进行结构几何非线性分析的一种有效方法。对弦支穹顶结构，选择合理的单元模拟刚性构件、索和撑杆并恰当考虑索的预拉力是实现数值分析必须解决的主要问题。上部结构刚性构件的受力为轴力、弯矩和剪力共同作用，以轴力为主，本书采用空间梁-柱单元来模拟上部结构刚性构件，以更方便地考虑轴向力和弯矩对构件变形和刚度的影响。撑杆主要以轴力为主，本书采用空间杆单元来模拟。索为轴心受拉构件，目前已有多种模拟索的单元，主要有两节点直线索单元、多节点曲线索单元、抛物线索单元、悬链线索单元、B样条索单元等。由于多节点曲线索单元、抛物线索单元、悬链线索单元、B

样条索单元精度较高，计算量较大，对于大跨度预应力结构可以忽略索在水平和竖直方向的刚度，采用足够精度的单元即可，故本书采用两节点杆单元模拟张拉阶段索的受力状态。

本书中弦支穹顶结构计算模型一般简化为：单层网壳杆件之间采用刚性连接，撑杆和拉索采用铰接连接；同时需要特别说明的是本书中进行预应力张拉参数分析和施工伺服分析时，撑杆和环索之间采用滑移弹簧单元连接，撑杆和径向索在与单层网壳连接处采用铰接连接。

1.3.2 空间钢结构施工阶段力学分析

伴随着 2008 年北京奥运会和 2010 年上海世博会召开的契机，国内建设了一大批大跨预应力结构，弦支穹顶结构也因此有了更为广阔的发展空间。但随着建筑结构体型的复杂化和各类工程建设规模的扩大，对结构施工技术的要求也越来越严格。据统计，全国近十年 357 起倒塌事故中有 78% 是在施工中发生的，其中由于在设计时未考虑施工过程中诸多因素或对施工过程中复杂与突发情况未进行应有的受力分析的占到相当高的比例。另外，从结构整个生命周期看，平均风险概率最高的时间区段并不是正常使用阶段，而是施工阶段。

弦支穹顶结构体形一般较大，体系复杂，并且在施工过程中影响结构受力和变形的因素众多，如安装脚手架、施工工艺、施工顺序，尤其是预应力的施工工艺、施工顺序以及临时设施的安装与拆除，对弦支穹顶结构的建造都有不同程度的影响。与弦支穹顶结构的广泛应用相比，对弦支穹顶结构的研究稍显滞后，并且已有研究内容主要集中于结构的静力、动力分析[17]，而对施工阶段结构的受力性能研究较少，结构性能对施工参数的敏感性也尚未得到共识，结构的设计与施工的相互作用关系也没有受到应有的关注，这些研究滞后导致的问题正妨碍人们用最经济的方式建造最合理的弦支穹顶结构。而随着北京 2008 年奥运会、上海 2010 年世博会、2010 年广州亚运会以及其他国家重大社会经济活动的开展，在我国已兴建和即将兴建大批的体育场馆、会展中心、机场航站楼等社会公共建筑，这为弦支穹顶结构带来广阔的应用空间，也对弦支穹顶结构的技术水平提出更高的要求。因此，弦支穹顶结构施工过程对结构本身的影响与危害的分析及其预测与防治日趋引起工程界的广泛关注，也要求设计人员不仅要重视结构的最终设计状态，而且更要关心结构的施工成型过程。

上海市科学技术委员会资助的"世博场馆大空间结构安全保障关键技术研究"项目以及博士点基金项目"大跨度空间钢结构施工模型及其力学问题研究"是以大跨度空间结构施工分析为主体，探索更为安全合理的施工方法和技术。本课题作为博士点基金项目的一个部分，从施工全过程模拟、施工技术和伺服施工控制三个方面探讨弦支穹顶结构在施工过程中的性能以及如何通过施工控制得到期望的结构性能和构型；在此基础上提出了弦支穹顶全过程施工分析方法，建立了相应的数值模型，并提出了有限元计算方法。

从弦支穹顶结构的概念产生至今，人们对弦支穹顶结构的研究主要集中在结构设计的受力性能分析和施工技术改进两个方面，而对于施工过程中结构力学性态的分析方法研究很少。弦支穹顶结构属于半刚性结构，这类结构在施工张拉阶段或者使用阶段，可能产生较大的变形；同时在施工过程中，临时支撑的布置与拆除同样会在结构中产生较大的非线性效应。因而，要了解这类结构在施工过程中的受力机理，就需要进行非线性分析。有关弦支穹顶结构的研究现状可以从以下两个方向进行阐述：弦支穹顶结构的施工技术与施工过程分析。

参考文献

[1] 董石麟．我国大跨度空间钢结构的发展与展望［J］．空间结构，2000（2）．

[2] 董石麟．网状球壳的连续化分析方法［J］．建筑结构学报，1988，9（3）：1-14.

[3] 柯长华．日本大跨度公共建筑的结构概念［J］．建筑创作，2002（7）：18-27.

[4] 陈志华，徐皓，王小盾，等．天津于家堡大跨度双螺旋单层网壳结构设计［J］．空间结构，2015，21（2）：29-33.

[5] 罗永峰，王春江，陈晓明，等．建筑钢结构施工力学原理［M］．北京：中国建筑工业出版社，2009.

[6] 刘慧娟．弦支穹顶结构在地震作用下的动力稳定性的研究［D］．天津：天津大学，2005.

[7] 刘锡良．现代空间结构［M］．天津：天津大学出版社，2003.

[8] Kawaguchi M，Abe M，Hatato T，et al. Structure tests on the "suspendome" system［C］. Proc. of IASS Symposium, Atlanta, 1994：384-392.

[9] 陈志华，康文江，左晨然，王小盾．弦支穹顶结构性能分析及改进措施［J］．工业建筑（增刊），2003：583-590.

[10] 陈志华，冯振昌，秦亚丽，等．弦支穹顶静力性能的理论分析及实物加载试验［J］．天津大学学报，2006，39（8）：944-950.

[11] 郭正兴，石开荣，罗斌，等．武汉体育馆索承网壳钢屋盖顶升安装及预应力拉索施工［J］．施工技术，2006，35（增刊）：51-53.

[12] 葛家琪，张国军，王树．弦支穹顶预应力施工过程仿真分析［J］．施工技术，2006，35（增刊）：10-13.

[13] 张志宏，傅学怡，董石麟，等．济南奥体中心体育馆大跨度弦支穹顶结构设计［J］．工业建筑（增刊），2007.

[14] 郭正兴，王永泉，罗斌，等．济南奥体中心体育馆大跨度弦支穹顶预应力拉索施工［J］．施工技术，2008，37（5）：133-135.

[15] 左晨然．弦支穹顶结构的静力与稳定性分析［D］．天津：天津大学，2003.

[16] 陈志华，左晨然．弦支穹顶结构的非线性分析［C］．第二届全国现代结构工程学术报告会论文集，2002：396-400.

[17] 罗永峰，刘慧娟，韩庆华．弦支穹顶结构动力稳定性分析方法［J］．西南交通大学学报，2008，43（6）：729-735.

第2章 空间钢结构动力稳定承载力分析

2.1 结构非线性问题概述

2.1.1 网格结构极限承载力理论分析

2.1.1.1 引言

网格结构有着刚度大、自重轻、塑性好和造型优美等优点，因此被广泛应用于工业和民用建筑中。随着社会对网格结构的使用要求的提高、网格结构在施工中的技术提升以及网格结构理论分析的成熟，网格结构从最初的简单结构，逐渐向复杂、大型的结构转化。随着理论分析方法的不断成熟和计算机技术的不断发展，网格结构的极限承载力分析理论也不断得到发展。网格结构的极限承载力分析理论主要有以下三种：拟壳法、线性全过程分析方法和非线性全过程分析方法。

2.1.1.2 拟壳法

拟壳法是引用等代刚度的条件来得出拟壳的截面特性和刚度的一种近似方法[1]。拟壳法属于连续化分析方法[2]，其基本思路是，通过刚体等代的方法，将网格结构转化成曲面连续的实体壳体，再由能量原理确定壳体的等效抗弯刚度和等效薄膜刚度，将等代后的连续曲面实体壳运用弹性薄壳理论进行分析，从而求得壳体的承载力。拟壳法概念清晰明确，能够很好地了解影响壳体稳定性承载力的主要原因，可以分析和计算一些特定形式网格结构的承载力，使设计人员明确了解增强结构的哪一部分能够改进结构的稳定性能[3]。但是，拟壳法也有一定的缺陷[4]，其一，拟壳法中的连续化壳体稳定性理论并不是很成熟，尚没有统一的理论公式；其二，需要对不同的失稳模式做出相应的近似假设，但是这种假设只能应用在少数壳体上；其三，网格结构在生产和加工过程中，有着各向异性和不均匀构造的特点，而拟壳法所讨论的结构一般都是各向同性和等厚度的情况，所以拟壳法无法反映真实情况。

2.1.1.3 线性全过程分析方法

线性全过程分析方法的主要步骤是：

（1）通过对网格结构进行弹性分析，寻找出网格结构第一次发生屈服或者失稳的杆件；

（2）取出第一次发生屈服或者失稳的杆件，通过重复施加荷载增量，逐步找出结构内发生屈服或者失稳的全部杆件；

（3）结构转变成机动体系，停止分析。

线性全过程分析方法的优点是操作过程简单，容易实现；缺点是计算出来的结果偏于保守。

2.1.1.4 非线性全过程分析方法

目前，有限元非线性分析已经广泛应用到钢筋混凝土、网壳和桥梁结构的分析中[5]。非线性全过程分析方法是一种非线性有限元方法，其主要步骤是：

（1）网格结构内部的构件在承受荷载时，构件的受力特点不一样，根据构件的受力特点，将网格结构转换成相对应的杆单元和梁单元等；

（2）通过运用平衡迭代方法和荷载增量技术，对网格结构进行非线性全过程分析；

（3）根据得到的数据，绘制荷载-位移全过程曲线，确定平衡路径上的分歧点和极值点，同时也可以得到结构的临界荷载。非线性全过程分析方法的优点是计算结果准确，误差较小；缺点是计算过程和计算方法比较复杂。

有限元软件 ANSYS 采用全过程跟踪计算方法对结构进行非线性分析，下面分别从四个方面对全过程跟踪分析方法进行介绍：（1）基本方程；（2）分析步骤；（3）分析方法；（4）临界点的判定准则。

1. 基本方程

网格结构非线性全过程计算方法基本方程中[6]，增量在任意时刻的平衡方程是：

$$^{t+\Delta t}F + {}^{t+\Delta t}R = 0 \qquad (2\text{-}1\text{-}1)$$

式中　$^{t+\Delta t}F$——网格结构在 $t+\Delta t$ 时刻所对应的内力向量；

　　　$^{t+\Delta t}R$——网格结构在 $t+\Delta t$ 时刻节点上所施加的荷载向量。

采用牛顿法，假定结构变形与荷载在迭代过程中没有关系，上述表达式可以转变为：

$$^{t}K \Delta U^{(i)} = {}^{t+\Delta t}R - {}^{t+\Delta t}F^{(i-1)} \qquad (2\text{-}1\text{-}2)$$

式中　$U^{(i)}$——迭代过程中的位移迭代增量；

　　　^{t}K——网格结构在 t 时刻的结构切线刚度矩阵。

在分析中，如果网格结构按照一定的比例进行加载，那么上述方程也可以写成：

$$^{t}K \Delta U^{(i)} = {}^{t+\Delta t}\lambda^{(i)}R - {}^{t+\Delta t}F^{(i-1)} \qquad (2\text{-}1\text{-}3)$$

式中　$^{t+\Delta t}\lambda^{(i)}$——加载网格结构在加载过程中的比例系数；

　　　R——加载在节点上的荷载分布向量。

为了同时求解两个位移向量，Dhatt 和 Batoztic 提出了解决方法，上述公式可以拆解为以下两个方程：

$$^{t}K \Delta \overline{U}^{(i)} = {}^{t+\Delta t}\lambda^{(i-1)}R - {}^{t+\Delta t}F^{(i-1)} \qquad (2\text{-}1\text{-}4)$$

$$^{t}K \Delta \overline{\overline{U}}^{(i)} = R \qquad (2\text{-}1\text{-}5)$$

其中：

$$\left. \begin{array}{l} ^{t+\Delta t}\lambda^{(i)} = \Delta\lambda^{(i)} + {}^{t+\Delta t}\lambda^{(i-1)} \\ ^{t+\Delta t}U^{(i)} = {}^{t+\Delta t}U^{(i-1)} + \Delta U^{(i)} \\ \Delta U^{(i)} = \Delta \overline{U}^{(i)} + \Delta\lambda^{(i)} \Delta \overline{\overline{U}}^{(i)} \end{array} \right\} \qquad (2\text{-}1\text{-}6)$$

上述方程组含有 M 个方程，但是未知数却有 $M+1$ 个，因此还需要加入一个约束方程：

$$f(\Delta\lambda^{(i)}, \Delta U^{(i)}) = 0 \qquad (2\text{-}1\text{-}7)$$

2. 非线性全过程分析方法

结构非线性全过程分析方法有五种，分别是位移增量法、荷载增量法、功增量法、余能增量法和弧长法。现就以上方法进行说明。

（1）位移增量法

位移增量法中，需要改变关于 U 的某个分量，下面公式为其约束方程：

$$\Delta U_q = \Delta D_q \tag{2-1-8}$$

式中　ΔD_q——每一次迭代过程中的某一位移增量。

（2）荷载增量法

荷载增量法只需要改变 λ 就可以，约束方程如下式：

$$\Delta \lambda R = \Delta P \tag{2-1-9}$$

式中　ΔP——每一次迭代过程中的荷载增量。

（3）余能增量法

余能增量法中，把 U 和 λ 的乘积看作是变量，约束方程可以写为：

$$\left({}^t U + \frac{1}{2} \Delta U^{(i)} \right) R^T \Delta \lambda^{(i)} = \Delta C \tag{2-1-10}$$

$$R^T \Delta U^{(i)} = 0 \tag{2-1-11}$$

式中　ΔC——余能增量。

（4）功增量法

功增量法中，同样将 U 和 λ 的乘积看作是变量，约束方程为：

$$\left({}^t \lambda + \frac{1}{2} \Delta \lambda^{(i)} \right) R^T \Delta U^{(i)} = \Delta W \tag{2-1-12}$$

$$\left({}^{t+\Delta} \lambda^{(i-1)} + \frac{1}{2} \Delta \lambda^{(i)} \right) R^T \Delta U^{(i)} = 0 \tag{2-1-13}$$

式中　ΔW——每个迭代过程中的功增量。

（5）弧长法

把 λ 和 U 的平方和当作变量，弧长法有很多种类，比如球面弧长法、椭圆面弧长法和柱面弧长法等。其中柱面弧长法的约束方程为：

$$\Delta U^{(i)T} \Delta U^{(i)} = l^2 \tag{2-1-14}$$

在弧长法中，柱面等弧长法是应用最广的。柱面等弧长法的计算过程是沿着半径 Δl 的空间柱面来进行分析的，因此被称作柱面等弧长法。柱面等弧长法的约束方程为：

$$\left. \begin{array}{l} \alpha \{ ({}^{t+\Delta} \lambda^{(i-1)} - {}^t \lambda) + \Delta \lambda^{(i)} \}^2 + \{ \Delta U^{(i)} \}^T \{ \Delta U^{(i)} \} = \Delta l^2 \\ \Delta U^{(i)} = {}^{t+\Delta} U^{(i)} - {}^t U \end{array} \right\} \tag{2-1-15}$$

当 $\alpha = 0$ 时，上两式又可以写成：

$$\left. \begin{array}{l} \{ \Delta U^{(i)} \}^T \{ \Delta U^{(i)} \} = \Delta l^2 \\ \Delta U^{(i)} = {}^{t+\Delta} U^{(i)} - {}^t U \end{array} \right\} \tag{2-1-16}$$

3. 非线性全过程分析步骤

（1）通过采用荷载增量法，然后经过迭代，最后得到结构位移向量。

（2）从第二级荷载开始，采用柱面弧长法，然后将 ${}^{\Delta} U$ 代入 $\Delta U^{(i)} = {}^{t+\Delta} U^{(i)} - {}^t U$ 公式中，可以得到弧长的增量 Δl。弧长增量的计算公式如下：

$$\Delta l = \Delta l' \sqrt[4]{(N_1 / N_2)^2} \tag{2-1-17}$$

式中　N_1——在假定中的每一步最优迭代的次数；

N_2——在前面一个迭代过程的迭代的次数；

$\Delta l'$——前一个迭代过程中的弧长增量。

在计算时候应用上式，可以使计算迭代次数减少，并且在结构处在线性阶段时比较容易收敛，那么此刻的荷载步长可以自动增加；如果结构在计算过程中，处在极限点附近，那么收敛会较慢，荷载步长也会因此自动减小。应用上式，能够使结构在跟踪过程中，比较合理有效地选择恰当的步长。

当每级荷载处在第一次迭代时，式（2-1-4）～式（2-1-6）可以转换为下面的几个方程式：

$$\left. \begin{array}{l} {}^{t}K\Delta \overline{U}^{(1)} = {}^{t}\lambda R - {}^{t}F \\ {}^{t}K\Delta \overline{\overline{U}}^{(1)} = R \end{array} \right\} \tag{2-1-18}$$

其中：

$$\left. \begin{array}{l} {}^{t+\Delta t}\lambda^{(1)} = \Delta \lambda^{(1)} + {}^{t}\lambda \\ {}^{t+\Delta t}U^{(1)} = {}^{t}U + \Delta U^{(1)} \\ \Delta U^{(1)} = \Delta \overline{U}^{(1)} + \Delta \lambda^{(1)} \Delta \overline{\overline{U}}^{(1)} \end{array} \right\} \tag{2-1-19}$$

再通过控制方程，可以确定 $\Delta \lambda^{(1)}$ 的大小，即

$$\Delta U^{(1)\mathrm{T}} \Delta U^{(1)} = \Delta l^2 \tag{2-1-20}$$

同时利用式（2-1-18）解下面方程：

$$ {}^{t}K\Delta \overline{U}^{(i)} = {}^{t+\Delta t}\lambda^{(i-1)} R - {}^{t+\Delta t}F^{(i-1)} \tag{2-1-21}$$

可以得到下面的结果：

$$ {}^{t+\Delta t}U^{(i)} = {}^{t+\Delta t}U^{(i-1)} + \Delta U^{(i)} + \Delta \lambda^{(i)} \overline{\overline{U}}^{(i)} \tag{2-1-22}$$

再由控制方程（2-1-16）可以确定 $\Delta \lambda^{(i)}$ 的大小，因此可以得到：

$$ {}^{t+\Delta t}\lambda^{(i)} = {}^{t+\Delta t}\lambda^{(i-1)} + \Delta \lambda^{(i)} \tag{2-1-23}$$

再用下面的能量收敛准则来判断在计算中每一级荷载计算是否收敛：

$$\frac{\Delta U^{(i)\mathrm{T}}({}^{t+\Delta t}\lambda^{(i-1)} R - {}^{t+\Delta t}F^{(i-1)})}{\Delta U^{(1)\mathrm{T}}(\Delta \lambda^{(1)} R)} < \varepsilon \tag{2-1-24}$$

式中 ε——能量收敛值。为了减小在计算过程中出现的累积误差，并且防止在临界点附近迭代出现发散的现象，在计算中应该对收敛值进行严格控制。

通过弧长控制方法，可以得到下面的一元二次方程：

$$a(\Delta \lambda^{(l)})^2 + b\Delta \lambda^{(1)} + c = 0 \tag{2-1-25}$$

$\Delta \lambda$ 因为是上式的一元二次方程的解，所以可以在求解过程中得到两种情况：

（1）没有实根，那么这个时候的弧长增量为 $\Delta l = 2^{-N}\Delta l$，$N$ 为弧长减小次数。

（2）方程有两个实根，采用使得 $U^{(i-1)\mathrm{T}}U^{(i)}$ 最小时得到 $\Delta \lambda$ 的值。

4. 非线性全过程分析临界点判别准则

（1）临界点位置的判定：假如结构在极值点发生失稳，那么可以利用柱面等弧长法来对全过程进行追踪，平衡路径最高点的荷载，可以作为追踪过程中结构发生屈曲的临界荷载。

（2）临界点判定：临界点可以采用切线刚度矩阵来进行判定，切线刚度矩阵可以用来判定一些特定平衡状态结构的稳定性能，即正定的切线刚度矩阵说明结构现阶段的平衡状态是处于稳定的，非正定的切线刚度矩阵说明结构现阶段的平衡状态是不稳定的，奇异的

切线刚度矩阵说明结构现阶段处于临界状态。

切线刚度矩阵是否是正定的可以通过矩阵的正负来判断，即切线刚度矩阵左上角各阶主子式全部大于零，则切线刚度矩阵是正定的；切线刚度矩阵部分主子式的行列式小于零，则切线刚度矩阵不是正定的；切线刚度矩阵的行列式等于零的矩阵是奇异矩阵。

（3）临界点类型的判定：结构处于平衡状态的判断依据是矩阵全部主元值为正值，当矩阵左上角各阶主子式行列式全部大于零时，结构的切线刚度矩阵是正定的；结构处于不稳定平衡状态的判断依据是矩阵的主元有负值存在，切线刚度矩阵这时候是非正定的；结构处于屈曲临界点的判断依据矩阵是奇异的，也就是说矩阵的行列式为零。但是在实际计算过程中，由于迭代计算是通过选择步长的方法来进行的，因此选择的步长比较难使矩阵刚好出现奇异矩阵，所以在实际操作过程中，可以通过矩阵主元的正负号的变化来确定临界点的出现。在对增量进行计算时，荷载每增加一次，都需要注意矩阵主元正负号的变化。在屈曲前，矩阵全部主元大于零，这时候结构平衡状态是稳定的。假设在第 M 级荷载时，矩阵的主元仍然全部大于零，但是施加第 $M+1$ 荷载时，矩阵主元出现负值，那么可以知道第 $M+1$ 级荷载已经超过了临界点。

2.1.2　弦支穹顶结构非线性分析理论

2.1.2.1　理论概述

1. 几何非线性

当结构发生变形，在建立体力和应力之间的平衡方程或应变和位移之间的几何方程时，如果需要考虑几何构型上的改变，那么就称之为几何非线性。具体又可细分为大应变、小应变但有限位移和（或）有限转动以及线性化的屈曲行为。柔性结构中索结构和充气膜结构等张拉结构受力后变形、金属和塑料的成型以及各种稳定分析，都属于几何非线性的范畴。以下介绍几何非线性有限元法及涉及的有限元方程解法。

（1）几何非线性有限元法

如果物体发生的位移远小于物体自身的几何尺度，同时材料的应变远小于 1，建立物体或单元体的平衡时不考虑位置和形状的变化，分析中也不必区分变形前和变形后的位形，而且在加载和变形过程中的应变可以用位移的一次项的线性应变进行度量。

实际结构常常不属于小变形假设的范围，比如板和壳等薄壁结构在一定荷载下，应变较小而位移较大，材料线元素有较大位移和转动，这时平衡条件如实建立在变形后的位形上，以考虑变形对平衡的影响。同时应变表达式也包括位移的二次项。这样，平衡方程和几何关系都是非线性的。这种由于大位移和大转动引起的非线性问题称为几何非线性问题。

在涉及几何非线性问题的有限元方法中，通常采用增量分析的方法，这不仅是因为问题涉及依赖于变形历史的材料的非弹性，而且因为即使问题不涉及材料非弹性，但为了得到加载过程中的应力和应变的演变历史，以及保证求解的精度和稳定，通常也需要采用增量求解方法。

考虑在一个笛卡尔坐标系内运动的物体，增量分析的目的是确定此物体在一系列离散的时间点 0，Δt，$2\Delta t$⋯处于平衡状态的位移、速度、应变、应力等运动学和静力学参量。现假定在时间 0 到 t 内的所有时间点的解答已经求得，下一步需要求解时间为 $t+\Delta t$ 时刻的各个力学量。这是一个典型的步骤，反复使用此步骤，就可以得到问题的全部解答。

现在分别用 ^0x_i、^tx_i、$^{t+\Delta t}x_i$（$i=1,2,3$）描述物体内各点在时间 t 和 $t+\Delta t$ 的位形内的坐标。类似地使用 ^tu_i 和 $^{t+\Delta t}u_i$（$i=1,2,3$）表示各点在时间 t 和 $t+\Delta t$ 的位移，即

$$\left.\begin{array}{l} ^tx_i = {}^0x_i + {}^tu_i \\ ^{t+\Delta t}x_i = {}^0x_i + {}^{t+\Delta t}u_i \end{array}\right\} \tag{2-1-26}$$

所以从时间 t 到 $t+\Delta t$ 的位移增量可以表示为：

$$u_i = {}^{t+\Delta t}u_i - {}^tu_i \tag{2-1-27}$$

与时间 $t+\Delta t$ 位形内物体的平衡条件及力边界条件等效的虚位移原理可表示为：

$$\int_{t_V}^{t+\Delta t} \tau_{ij}\delta_{t+\Delta t}e_{ij}{}^{t+\Delta t}\mathrm{d}V = {}^{t+\Delta t}W \tag{2-1-28}$$

其中，$^{t+\Delta t}W$ 是时间 $t+\Delta t$ 位形的外荷载的虚功，且

$$^{t+\Delta t}W = \int_{t_V} {}^{t+\Delta t}_{t+\Delta t}t_k\delta_{t+\Delta t}u_k{}^{t+\Delta t}\mathrm{d}S + \int_{t_V} {}^{t+\Delta t}_{t+\Delta t}\rho_{t+\Delta t}^tf_k\delta u_k{}^{t+\Delta t}\mathrm{d}S \tag{2-1-29}$$

为了求解式（2-1-28），需要参考已经求得的平衡位形。在实际分析中，有两种常用的方法：

1）完全拉格朗日格式（Total Lagrange Formulation，简称 T. L. 格式），这种格式中所有变量以时间 0 的位形为参考位形，即通常所说的拉格朗日格式。

2）修正拉格朗日格式（Updated Lagrange Formulation，简称 U. L. 格式），这种格式中所有的变量以时间 t 的位形作参考位形。显然求解过程中参考位形是不断改变的。

由式（2-1-28）和式（2-1-29）可以导出修正拉格朗日格式：

$$\int_{t_V} {}_tS_{ij}\delta_t{}^{t+\Delta t}e_{ij}\,{}^t\mathrm{d}V + \int_{t_V} {}^t\tau_{ij}\delta_t\eta_{ij}\,{}^t\mathrm{d}V = {}^{t+\Delta t}W - \int_{t_V} {}^t\tau_{ij}\delta_te_{ij}^t\,\mathrm{d}V \tag{2-1-30}$$

为了实际求解的需要，可将修正拉格朗日格式线性化，得

$$\int_{t_V} {}_tD_{ijkl}e_{kl}\delta_te_{ij}^t\,\mathrm{d}V + \int_{t_V} {}^t\tau_{ij}\delta_t\eta_{ij}\,{}^t\mathrm{d}V = {}^{t+\Delta t}W - \int_{t_V} {}^t\tau_{ij}\delta_te_{ij}^t\,\mathrm{d}V \tag{2-1-31}$$

（2）有限元方程及解法

1）静力分析

如果用等参元对求解域进行离散，每个单元内的坐标和位移可以用结点插值表示如下：

$$^0x_i = \sum_{k=1}^n N_k^0x_i^k,\ {}^tx_i = \sum_{k=1}^n N_k^tx_i^k,\ {}^{t+\Delta t}x_i = \sum_{k=1}^n N_k^{t+\Delta t}x_i^k\ (i=1,2,3) \tag{2-1-32}$$

$$^tu_i = \sum_{k=1}^n N_k^tu_i^k,\ u_i = \sum_{k=1}^n N_ku_i^k \qquad (i=1,2,3) \tag{2-1-33}$$

式中　$^tx_i^k$——结点 k 在时间 t 的 i 方向的坐标分量；

　　　$^tu_i^t$——结点 k 在时间 t 的 i 方向的分量，其他分量 ^0x_i、$^{t+\Delta t}x_i^k$、u_i^k 的意义类似；

　　　N_k——和结点 k 相关的插值函数；

　　　n——单元结点数。

利用式（2-1-32）、式（2-1-33）可以计算式（2-1-31）中各个积分内所包含的位移导数项。从式（2-1-31）可以得到下列矩阵方程：

$$(^t_tK_L + {}^t_tK_{NL})u = {}^{t+\Delta t}Q - {}^t_tF \tag{2-1-34}$$

其中：

$$
\left.
\begin{aligned}
{}_t^t K_{\mathrm{L}} &= \sum_e \int_{t_{\mathrm{Ve}}} {}_t^t B_{\mathrm{L}}^{\mathrm{T}} D {}_t^t B_{\mathrm{L}} \, \mathrm{d}V \\
{}_t^t K_{\mathrm{NL}} &= \sum_e \int_{t_{\mathrm{Ve}}} {}_t^t B_{\mathrm{NL}}^{\mathrm{T}} \, {}^t \tau {}_t^t B_{\mathrm{NL}} \, \mathrm{d}V \\
{}_t^t F &= \sum_e \int_{t_{\mathrm{Ve}}} {}_t^t B_{\mathrm{L}}^{\mathrm{T}} \, {}^t \hat{\tau} \, \mathrm{d}V
\end{aligned}
\right\}
\tag{2-1-35}
$$

以上各式中，${}_t^t B_{\mathrm{L}}$ 荷 ${}_t^t B_{\mathrm{NL}}$ 分别是线性应变 ${}_t e_{ij}$ 和非线性应变 ${}_t \eta_{ij}$ 与位移的转换矩阵；${}_t D$ 是材料本构矩阵；${}^t \tau$ 和 ${}^t \hat{\tau}$ 是应力矩阵和向量。所有这些矩阵或向量的元素都是对应时间 t 的位形并参考同一位形确定的。

2）动力时程分析

在动力分析中，平衡方程中增加惯性力项和阻尼项。假设结构质量保持不变，阻尼取常数瑞利阻尼，单元的增量平衡方程可写成：

$$
({}_t^t K_{\mathrm{L}} + {}_t^t K_{\mathrm{NL}}) u = {}^{t+\Delta} Q - {}_t^t F - M {}^{t+\Delta} \ddot{u} - C {}^{t+\Delta} \dot{u}
\tag{2-1-36}
$$

式中　　${}^{t+\Delta} \dot{u}$ 和 ${}^{t+\Delta} \ddot{u}$ ——分别为单元结点在 $t+\Delta t$ 时刻的速度和加速度；

　　　　u——位移增量。

采用 Newmark 隐式积分法（时程分析方法）求解式（2-1-34）。对于 mN-R 迭代法，在迭代中时间积分的每一增步均需要迭代，直到满足收敛准则，同时每一增量步需要重新生成和分解矩阵。

2. 材料非线性

如果材料行为依赖于当前变形状态，可能同时依赖于变形的历史过程，亦可能包含预应力、温度、时间、湿度和电磁场等本构变量，那么称之为材料非线性。非线性弹性、塑性、黏弹性和蠕变等属于材料非线性的范畴。

（1）初始屈服条件

金属材料通常采用 Von. Mises 屈服准则，即

$$
F = f - k = 0
\tag{2-1-37}
$$

式中　　F——屈服函数；

　　　　f 可由下式确定：

$$
f = \frac{1}{2} \sigma'_{ij} \cdot \sigma'_{ij} = \frac{1}{2} (\sigma_{\mathrm{x}}'^2 + \sigma_{\mathrm{y}}'^2 + \sigma_{\mathrm{z}}'^2 + 2\tau_{\mathrm{xy}}'^2 + 2\tau_{\mathrm{yz}}'^2 + 2\tau_{\mathrm{zx}}'^2)
\tag{2-1-38}
$$

$$
\sigma'_{ij} = \sigma_{ij} - \sigma_{\mathrm{m}} \delta_{ij}
\tag{2-1-39}
$$

式中　　δ_{ij}——kronecher delta 符号；

　　　　σ'_{ij} 及 σ_{m}——分别为应力偏张量及应力球张量，且

$$
\sigma_{\mathrm{m}} = \frac{1}{3} (\sigma_{\mathrm{x}} + \sigma_{\mathrm{y}} + \sigma_{\mathrm{z}})
\tag{2-1-40}
$$

而

$$
k = \frac{1}{3} \sigma_{\mathrm{so}}^2
\tag{2-1-41}
$$

式中　　σ_{so}——屈服应力。

（2）流动准则

流动准则假定塑性应变增量从塑性势导出，即

$$d\varepsilon_{ij}^{p} = d\lambda \frac{\partial Q}{\partial \sigma_{ij}} \tag{2-1-42}$$

式中　$d\lambda$——特定的正有限量，其具体数值与材料硬化法则有关；

　　　　Q——塑性势函数。

若取于 Von. Mises 屈服函数 F 相关的塑性势，则流动准则为：

$$d\varepsilon_{ij}^{p} = d\lambda \frac{\partial F}{\partial \sigma_{ij}} \tag{2-1-43}$$

式中　$\dfrac{\partial F}{\partial \sigma_{ij}}$——流动向量的分量，可令

$$\{a\} = \frac{\partial F}{\partial \{\sigma\}} = \left\{ \frac{\partial f}{\partial \sigma_x} \ \frac{\partial f}{\partial \sigma_y} \ \frac{\partial f}{\partial \sigma_z} \ \frac{\partial f}{\partial \tau_{xy}} \ \frac{\partial f}{\partial \tau_{yz}} \ \frac{\partial f}{\partial \tau_{zx}} \right\}^{T} \tag{2-1-44}$$

整理得：

$$\{a\}^{T} = \left[\sigma_x' \ \sigma_y' \ \sigma_z' \ 2\tau_{xy}' \ 2\tau_{yz}' \ 2\tau_{zx}' \right] \tag{2-1-45}$$

（3）硬化准则

硬化准则描述了随着后继屈服的发生屈曲面的变化。此处介绍双线性等向强化准则，规定材料进入塑性变形以后，加载曲面在各方向均匀地向外扩张，而其形状、中心及其在应力空间的方位保持不变，其后继屈服函数形式与公式（2-1-43）相同，但

$$k = \frac{1}{3}\sigma_s^2(\overline{\varepsilon}^{p}) \tag{2-1-46}$$

式中　σ_s——现实弹塑性应力，它是等效塑性应变 $\overline{\varepsilon}^{p}$ 的函数，可以从材料的单轴拉伸试验中得出。对于 Q235 钢，$f_y = 235\text{N/mm}^2$，$\varepsilon = 2\%$，$f_u = 375\text{N/mm}^2$。

强化准则除了等向强化外，还有一种随动强化准则。随动强化准则规定屈服面的大小保持不变而仅在屈服方向上移动，当某个方向屈服应力升高时，其相反方向的屈服应力降低。

在随动强化中，由于拉伸方向屈服应力的增加导致压缩方向屈服应力的降低，所以对应的两个屈服应力之间总存在一个 $2\sigma_y$ 的差值，初始各向同性的材料在屈曲后将不再是各向同性的。

3. 边界非线性

如果施加的外力依赖于结构的变形，那么称之为力的边界非线性。流体的压力荷载即是力的边界非线性，其中研究最为广泛的是回转仪的跟随力和非保守的跟随力。如果位移边界条件依赖于结构的变形，则称之为位移边界非线性。

边界非线性包括两个结构物的接触边界随加载和变形而改变引起的接触非线性（它又包含有摩擦接触和无摩擦接触），也包括非线性弹性地基的非线性边界条件和可动边界问题等。接触问题可能包括边界非线性的一类，并可能涉及应力集中、材料非线性、几何非线性和边界非线性。两个物体相互接触后，随着两个物体间接触面力的变化，它们之间的接触面大小、接触处的应力均会发生变化。这些变化不仅与接触面力的大小有关，而且与两个物体的各自材料性质有关。即使材料性质是线性弹性的，接触问题仍然表现出强非线性性质。如果材料性质是非线性的，接触非线性性质表现得更为强烈与复杂。

弦支穹顶结构的索撑节点处涉及接触（包含摩擦）问题，非线性性质较强。非线性弹

性地基的边界和可动边界非线性是十分明显的。此外，碰撞问题是一类与边界质点速度有关的边界非线性问题。

边界非线性中有相当一部分问题往往不再遵循最小势能原理，而呈现耗散特性。例如考察摩擦边界和碰撞问题。

在非线性问题求解中，不管是属于哪一类问题，它们有几个共同的特点需要注意。对于一般非线性方程或方程组，到目前为止，尚未找到一种理论上能精确求解的方法，现在均采用近似解法，其中数值解法是近似解法之一，也是采用最多、应用最广的一种方法。数值近似解法具有以下特征：

（1）非线性问题的解不一定是唯一的。

（2）解的收敛性事前不一定能得到保证，还可能出现不稳定状态，甚至发散，如振荡现象。

（3）非线性问题的求解过程比线性问题更复杂，结果的处理也更困难。

2.1.2.2　空间杆单元非线性有限单元法

空间杆单元非线性有限单元法以结构的各个杆件作为基本单元，以节点位移作为基本未知量。先对杆件单元进行分析，建立单元杆件内力与位移之间的关系，然后再对结构进行整体分析。根据各节点的变形协调条件和静力平衡条件建立结构上的节点荷载和节点位移之间的关系，形成结构的总体刚度矩阵和总体刚度方程。解出各节点位移值后，再由单元杆件内力和位移之间的关系求出杆件内力。

1. 基本假定

在建立空间杆单元的非线性单元刚度矩阵时，采用如下基本假定：

（1）结构的节点为空间铰接节点，忽略节点刚度的影响，因此杆件只受轴力作用；

（2）杆件处于弹性工作阶段；

（3）结构处于小应变状态。

2. 平衡方程的建立

在非线性有限单元法中，单元的平衡方程可根据虚位移原理建立，即外力因虚位移所做的功等于结构因虚应变所产生的应变能：

$$A \int_L \delta\{\varepsilon\}^T \{\sigma\} \mathrm{d}s - \delta\{\Delta\}_e^T \{P\}_e = 0 \qquad (2\text{-}1\text{-}47)$$

式中　A——单元截面面积；

　　$\{\sigma\}$——单元的应力列矩阵；

　　$\delta\{\varepsilon\}$——单元的虚应变列矩阵；

　　$\{P\}_e$——单元两端点的荷载列矩阵；

　　$\delta\{\Delta\}_e$——单元两端的虚位移列矩阵。

根据结构的几何方程和物理方程，经过一系列的推导后，最后可得单元的增量形式的平衡方程：

$$[K_T]_e \mathrm{d}\{\Delta\}_e - \mathrm{d}\{P\}_e = 0 \qquad (2\text{-}1\text{-}48)$$

式中　$[K_T]_e$——单元的切线刚度矩阵。

$$[K_T]_e = [K_0]_e + [K_g]_e + [K_d]_e \qquad (2\text{-}1\text{-}49)$$

$$[K_0]_e = A \int_L [B_L]^T E [B_L] \mathrm{d}s \qquad (2\text{-}1\text{-}50)$$

$$[K_g]_e = A \int_L [A]^T \sigma ds \qquad (2\text{-}1\text{-}51)$$

$$[K_d]_e = A \int_L ([B_{NL}]^T E [B_L] + [B_L]^T E [B_{NL}] + [B_{NL}]^T E [B_{NL}]) ds \qquad (2\text{-}1\text{-}52)$$

式中　　$[K_0]_e$——单元的线弹性刚度矩阵；

　　　　$[K_g]_e$——单元的几何刚度矩阵；

　　　　$[K_d]_e$——单元的初位移矩阵；

　　　　$[B_{NL}]$——相应于非线性部分；

　　　　$[B_L]$——相应于线性部分。

经积分后可得单元的线弹性刚度矩阵的展开式：

$$[K_0]_e = \frac{EA}{L_0} \begin{bmatrix} l^2 & & & & & \\ ml & m^2 & & 对 & & \\ nl & nm & n^2 & & 称 & \\ -l^2 & -lm & -nl & l^2 & & \\ -ml & -m^2 & -mn & ml & m^2 & \\ -nl & -nm & -n^2 & nl & nm & n^2 \end{bmatrix} \qquad (2\text{-}1\text{-}53)$$

单元的几何刚度矩阵的展开式[7]：

$$[K_g]_e = \frac{N}{L_0} \begin{bmatrix} 1 & & & & & \\ 0 & 1 & & 对 & & \\ 0 & 0 & 1 & & 称 & \\ -1 & 0 & 0 & 1 & & \\ 0 & -1 & 0 & 0 & 1 & \\ 0 & 0 & -1 & 0 & 0 & 1 \end{bmatrix} \qquad (2\text{-}1\text{-}54)$$

以及单元的初位移矩阵的展开式[7]：

$$[K_d]_e = \frac{EA}{L_0^2} \int_0^L \begin{bmatrix} \alpha^2 + 2\alpha l & & & & & \\ \alpha\beta + \alpha l + \alpha m & \beta^2 + 2\beta n & & 对 & & \\ \alpha\gamma + \gamma l + \alpha n & \beta\gamma + \gamma m + \beta n & \gamma^2 + 2\gamma n & & 称 & \\ -(\alpha^2 + 2\alpha l) & -(\alpha\beta + \beta l + \alpha m) & -(\alpha\gamma + \gamma l + \alpha n) & \alpha^2 + 2\alpha l & & \\ -(\alpha\beta + \beta l + \alpha m) & -(\beta^2 + 2\beta n) & -(\beta\gamma + \gamma m + \beta n) & \alpha\beta + \beta l + \alpha m & \beta^2 + 2\beta n & \\ -(\alpha\gamma + \gamma l + \alpha n) & -(\beta\gamma + \gamma m + \beta n) & -(\gamma^2 + 2\gamma n) & \alpha\gamma + \gamma l + \alpha n & \beta\gamma + \gamma m + \beta n & \gamma^2 + 2\gamma n \end{bmatrix} ds$$
$$(2\text{-}1\text{-}55)$$

将式（2-1-53）和式（2-1-54）代入式（2-1-48），即得单元切线刚度矩阵的展开式。

3. 杆单元的不平衡力

由于非线性有限元都采用迭代方法求解，因此在迭代过程中会产生不平衡力。设不平衡力为$\{\varphi\}_e$，可得

$$\{\varphi\}_e = A \int_L [B]^T \sigma ds - \{P\}_e \qquad (2\text{-}1\text{-}56)$$

2.1.2.3　空间梁-柱单元非线性有限单元法

刚接连接网壳采用非线性有限单元法计算时，可以选用几种单元，最常用的有两种，

即空间梁单元和空间梁-柱单元。许多研究表明，空间梁-柱单元能够较精确地考虑轴向力对结构变形和刚度的影响，而这对于网壳一类以受轴力为主的结构是十分重要的，因此，以选用空间梁-柱单元为宜。

1. 基本假定

在建立空间梁-柱单元的非线性单元刚度矩阵时，采用如下基本假定：

（1）杆件材料为理想弹塑性材料；

（2）截面的翘曲及剪切变形忽略不计；

（3）外荷载为保守荷载且作用在网壳节点上；

（4）网壳节点可经历任意大的位移及转动，但单元本身的变形仍然是小的并处于小应变状态；

（5）杆件进入弹塑性工作阶段时，塑性变形集中在杆端。

2. 弹性梁-柱单元在随动局部坐标系中的切线刚度矩阵

图 2-1-1（a）为一典型的空间梁-柱单元，xyz 为单元的局部坐标系，其中 x 轴为杆件的初始状态的杆轴，y、z 轴分别为单元截面的两个主轴，XYZ 则为固定的结构整体坐标系。

单元的杆端力在局部坐标系下的分量［图 2-1-1（b）］以及整体坐标系下的分量［图 2-1-1（c）］分别为：

$$\left.\begin{array}{l}\{F\}_e=\begin{bmatrix}F_1 & F_2 & F_3 & F_4 & F_5 & F_6 & F_7 & F_8 & F_9 & F_{10} & F_{11} & F_{12}\end{bmatrix}^T\\ \{\overline{P}\}_e=\begin{bmatrix}\overline{P_1} & \overline{P_2} & \overline{P_3} & \overline{P_4} & \overline{P_5} & \overline{P_6} & \overline{P_7} & \overline{P_8} & \overline{P_9} & \overline{P_{10}} & \overline{P_{11}} & \overline{P_{12}}\end{bmatrix}^T\end{array}\right\}(2\text{-}1\text{-}57)$$

相应的位移分量分别为：

$$\left.\begin{array}{l}\{q\}_e=\begin{bmatrix}q_1 & q_2 & q_3 & q_4 & q_5 & q_6 & q_7 & q_8 & q_9 & q_{10} & q_{11} & q_{12}\end{bmatrix}^T\\ \{v\}_e=\begin{bmatrix}v_1 & v_2 & v_3 & v_4 & v_5 & v_6 & v_7 & v_8 & v_9 & v_{10} & v_{11} & v_{12}\end{bmatrix}^T\end{array}\right\}(2\text{-}1\text{-}58)$$

单元受力产生位移后，根据基本假定（4），单元本身的受力仍处于小位移状态，因此采用第三套坐标系，即单元的随动局部坐标系 $x_1x_2x_3$，如图 2-1-2 所示，其中 x_1 轴为从节点 i 到节点 j 的弦线方向，x_1、x_2 分别为单元截面的主轴。单元受力后，节点 i 与 j 的相对位移在 x_1 轴上。

通过推导，可得到图 2-1-2 所示梁-柱单元两端的力与变形之间的关系：

$$\left.\begin{array}{l}M_{in}=\dfrac{EI_n}{L}(C_{1n}\theta_{in}+C_{2n}\theta_{jn})\\[2mm]M_{jn}=\dfrac{EI_n}{L}(C_{2n}\theta_{in}+C_{1n}\theta_{jn})\\[2mm]M_{in}=\dfrac{GJ}{L}\phi_t\\[2mm]N=EA\left(\dfrac{u}{L_0}-C_{b2}-C_{b3}\right)\end{array}\right\}(n=2,3)\quad(2\text{-}1\text{-}59)$$

式中 θ_{in}、θ_{jn}——单元 i 端和 j 端绕 x_n 轴的转角；

　　E、G——材料的弹性模量和剪切模量；

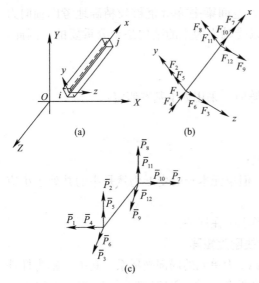

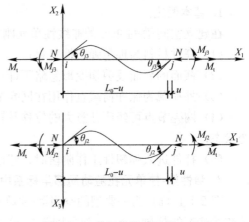

图 2-1-1　空间梁-柱单元　　　　图 2-1-2　单元的随动局部坐标系

I_n、J——单元截面绕 x_n 轴的惯性矩和扭转惯性矩；

L、L_0——单元的初始长度和变形后两端点间的弦长；

A——单元的截面面积；

ϕ_t——单元的扭转角；

u——单元的轴向缩短；

M_{in}、M_{jn}——单元 i 端和 j 端绕 x_n 轴的端弯矩；

M_t——扭矩；

N——轴向力；

C_{in}、C_{jn}——梁-柱的稳定系数；

C_{b2}、C_{b3}——单元由弯曲变形引起的轴向应变。

由式（2-1-59）可得：

$$\{S\}_e = [C] \{u\}_e \tag{2-1-60}$$

式中

$$\{S\}_e = \begin{bmatrix} M_{i3} & M_{j3} & M_{i2} & M_{j2} & M_t & NL_0 \end{bmatrix} \tag{2-1-61}$$

$$\left. \begin{aligned} \{u\}_e &= \begin{bmatrix} \theta_{i3} & \theta_{j3} & \theta_{i2} & \theta_{j2} & \phi_t & u \end{bmatrix} \\ u &= \frac{u}{L_0} \end{aligned} \right\} \tag{2-1-62}$$

对式（2-1-59）经过求导及一系列运算，最后可得：

$$\{\Delta S\}_e = [t] \{\Delta u\}_e \tag{2-1-63}$$

其中，$[t]$ 是一个 6×6 的参数矩阵。

3. 弹性梁-柱单元在单元局部坐标系中的切线刚度矩阵

在图 2-1-1（b）的局部坐标系中，杆端力及杆端位移的分量为 $\{F\}_e$ 及 $\{q\}_e$。根据单元的几何及平衡关系可得：

$$\{F\}_e = [B] \{S\}_e \tag{2-1-64}$$

$$\{\Delta u\}_e = [B]^T \{\Delta q\}_e \tag{2-1-65}$$

式中　$[B]$——局部静态矩阵。

$$[B] = \begin{bmatrix} 0 & 0 & 0 & 0 & 0 & \dfrac{1}{L_0} \\ \dfrac{1}{L} & \dfrac{1}{L} & 0 & 0 & 0 & 0 \\ 0 & 0 & -\dfrac{1}{L} & -\dfrac{1}{L} & 0 & 0 \\ 0 & 0 & 0 & 0 & -1 & 0 \\ 0 & 0 & 1 & 0 & 0 & 0 \\ 1 & 0 & 0 & 0 & 0 & 0 \\ 0 & 0 & 0 & 0 & 0 & -\dfrac{1}{L_0} \\ -\dfrac{1}{L} & -\dfrac{1}{L} & 0 & 0 & 0 & 0 \\ 0 & 0 & \dfrac{1}{L} & \dfrac{1}{L} & 0 & 0 \\ 0 & 0 & 0 & 0 & 1 & 0 \\ 0 & 0 & 0 & 1 & 0 & 0 \\ 0 & 1 & 0 & 0 & 0 & 0 \end{bmatrix} \qquad (2\text{-}1\text{-}66)$$

将上两式代入式（2-1-63），并注意到：

$$\{\Delta F\}_e = [B]\{\Delta S\}_e + [\Delta B]\{S\}_e \qquad (2\text{-}1\text{-}67)$$

及

$$[\Delta B]\{S\}_e = [G]\{\Delta q\}_e \qquad (2\text{-}1\text{-}68)$$

$$[\Delta B] = \begin{bmatrix} [g] & 0 & -[g] & 0 \\ 0 & 0 & 0 & 0 \\ -[g] & 0 & [g] & 0 \\ 0 & 0 & 0 & 0 \end{bmatrix} \qquad (2\text{-}1\text{-}69)$$

$$[g] = \begin{bmatrix} 0 & M_{i3}+M_{j3} & -(M_{i2}+M_{j2}) \\ M_{i3}+M_{j3} & -QL_0 & 0 \\ -(M_{i3}+M_{j3}) & 0 & -QL_0 \end{bmatrix} \qquad (2\text{-}1\text{-}70)$$

最后可得：

$$\{\Delta F\}_e = [B][t][B]^{\mathrm{T}} + [G]\{\Delta q\}_e = [K_{\mathrm{T}}]_e\{\Delta q\}_e \qquad (2\text{-}1\text{-}71)$$

及

$$[K_{\mathrm{T}}]_e = [B][t][B]^{\mathrm{T}} + [G] \qquad (2\text{-}1\text{-}72)$$

$[K_{\mathrm{T}}]_e$ 即为弹性梁-柱单元局部坐标系中的切线刚度矩阵，为 12×12 矩阵。

2.1.2.4　空间索单元

1. 基本假定

在弦支穹顶结构中的索单元一般为小垂度的索单元，其所受的横向作用只有索的自重作用，对于空间折索，还受索转折处节点的反力作用，但是对整个索的受力和变形起决定作用的依然是沿索长方向的拉力。在推导索的一般理论时，通常采用如下假设：

（1）索是理想柔性的，既不能受压，也不能受弯；

（2）索的材料符合虎克定理。

一般情况下，索的截面尺寸与索长相比十分微小，因而截面的抗弯刚度很小，计算中可不予考虑，认为假设条件（1）是符合实际情况的。当然也有例外，如在某些连接点处，索可能有转折，索内有可能产生较大的局部弯曲应力，因此在这些地方应当采取正确的构造措施，以避免产生这种不利情况。

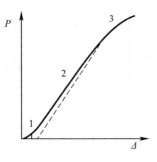

由高强钢丝组成的钢索在初次加荷时的拉伸图形可简略地用图 2-1-3 的实线来表示。该曲线在开始时表现出一定的松弛变形（曲线的阶段 1），随后的主要部分基本为一直线（阶段 2），当接近极限强度时，才显示出较明显的曲线性质（阶段 3）。实际工程中，钢索在使用前均需进行预张拉，以消除阶段 1 所表现的初始非弹性变形，以后钢索的工作图形如图中的虚线所示。在很大范围内，钢索的应力和应变符合线性关系。因此，当研究索或索系在使用阶段的工作性能时，认为假设条件（2）也符合实际情况。

图 2-1-3　索的应力-应变曲线

文献［8，9］通过分析指出，由于拉索自重造成的垂度，使索并不在索的两个节点连线上，其最大拉力与沿连线的张力并不一致。索中的最大拉力和沿弦线的张力有一定的误差，误差的大小与弦线的倾角和斜弦的垂度有关。对于较大垂度（f/l）和较大斜弦倾角，误差非常大；但在斜弦的倾角小于 45° 及小垂度的情况下（f/l）<0.01，其误差小于 4%，在工程设计误差的范围之内。因此，索的最大张力可以用索在两节点间的直线拉杆单元计算出张力来表示。

文献［9］指出只有在较大的跨度和较小的索张力情况下，采用索的弹性模量代替索的切线模量会出现较大的误差。但在一般情况下，例如当索长小于 150m 且索张力大于索极限承载力的 0.3 倍时，采用索的弹性模量代替索的切线模量是可行的。这时可近似取：

$$E_{eq} \approx E_c \tag{2-1-73}$$

由以上分析可得，在对索进行非线性空间有限元分析时可以假定：

（1）忽略索垂度的影响，将索单元看作两节点之间的直线杆单元，索的自重等效为节点荷载，索的张力沿索长为常数。当索的张力远大于索自重引起的张力时，索单元的刚度接近于弹性杆的刚度，这一假设很符合实际，此时，索单元的切线模量可以由弹性模量代替，即 $E_{eq} \approx E_c$。

（2）将索单元看成是只拉不压单元，当计算得出的索单元内力为负值时，认为该索已经退出工作。

基于以上假设，在保证受拉的情况下，索的非线性空间有限元分析与空间杆单元相同，参见空间杆单元的分析过程。

2. 两点直线索单元中预拉力的数值模拟

与传统的刚性结构相比，弦支穹顶结构的成形必须通过对结构施加自平衡的预拉力。合理的预拉力模拟才能保证分析结果的准确性。采用直线单元模拟索时，预拉力的数值模拟方法主要有以下三种：

（1）在张拉索段断开，施加一对大小相等、方向相反的力；

（2）对张拉索段施加温度荷载，改变该索段的环境温度对结构施加预拉力；

（3）对张拉索段设置初应变来实现预计施加的预拉力。

方法（1）用一对作用力代替张拉索段，该方法简便且力学原理清楚。然而，作用力的方向是沿着索段弦长，而索段中的拉力是沿索的切线方向，并且索段两端的拉力是不相等的，一对作用力不能准确代替张拉索段。此外，施加预拉力后，结构出现变形，索段两端节点的坐标也随之变化，初始施加的作用力方向与变形后索段弦长方向是不一致的，采用这种模拟方法不能满足高精度的要求。

方法（2）通过降温导致张拉索段收缩来施加预拉力，方法（3）通过缩短索段无应力状态的长度来施加预拉力，两种方法的原理是相似的：张拉索段缩短后引起整个结构的变形，经过位移协调结构重新平衡之后索段的拉力即为施加的预拉力。由于施加的确切预拉力值只能在计算重新平衡之后索段的拉力后才能确定，为获得给定预拉力下结构的反应，必须调整张拉索段的环境温度或索段原长，进行迭代计算。两种模拟方法都能真实体现实际张拉的效果，其计算结果是准确可靠的。实际张拉中，张拉端钢索被拔出，相当于张拉索段原长的缩短，非张拉索段则保持不变，采用方法（3）来模拟预拉力比采用方法（2）更为直观，而且避免了引进温度后张拉索段和非张拉索段刚度矩阵的差异。因此，采用设置初应变来对索施加预拉力具有明显的优点。

2.1.2.5　索撑节点非线性接触及预应力损失简化计算公式

实际工程中，结构的节点、构件、支座制作和安装一般来说是有误差的。安装和制作误差可能对结构的几何和截面参数产生影响，并且可能产生摩擦：索撑节点制作误差可能产生索撑节点摩擦力，引起索实际张拉力的损失；节点滑动支座可能会存在支承摩阻力。除了各种安装误差，张拉施工中还存在各种可能产生摩擦的因素，比如孔道摩阻力、拉索锚固端滑移损失等。这些因素的产生有一定的不确定性，对结构成形和性能是有影响的，可能会导致施工安全问题和增加施工控制的难度，甚至影响结构的使用性能。

1. 推导预应力摩擦损失简化计算公式

（1）推导简化计算公式

研究模拟张拉预应力摩擦的方法最早出现在混凝土预应力张拉上，现在这个方法主要在斜拉桥和大跨预应力结构方面展开相关研究[10,11]。对于预应力结构来说，模拟出张拉过程中足够精度的预应力损失是进行施工找形分析的重要前提，是准确进行施工控制的首要关键环节，而预应力张拉过程中的摩擦损失则是预应力损失的一个重要来源。因此，有必要针对弦支穹顶结构的张拉过程中的索撑节点滑移摩擦引起的预应力损失进行探讨。

由图 2-1-4 和图 2-1-5 可以直观地看出索撑节点的构造[12]，理想情况下环索可以在索撑节点内自由滑移，张拉完毕后再对其进行约束；实际工程中由于环索和索撑节点孔道内壁间存在摩擦，油压表读数显示已张拉到设计值时，拉索本身的张拉并没有达到设计值。因此，应根据预应力孔道摩擦理论来进行分析。

由于弦支穹顶结构拉索孔道较短，拉索和节点壁间摩擦力分布方式和大小与预应力混凝土有所不同，预应力混凝土孔道摩擦理论的相关公式不方便直接应用于弦支穹顶结构，因此，研究时通常采用混凝土孔道摩擦理论[10]，针对弦支穹顶结构拉索孔道推导摩擦损失并提出相应的计算公式。

图 2-1-6（a）、（b）、（c）分别给出了张拉过程中拉索在索撑节点孔道中的整体计算示

意图、微元体1示意图、微元体2示意图。根据预应力混凝土孔道摩擦理论[10]可知，预应力拉索与孔道间的摩擦损失由两部分组成。

图 2-1-4 实际结构的索撑节点

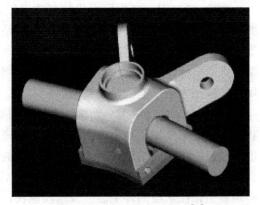

图 2-1-5 索撑节点示意图[11]

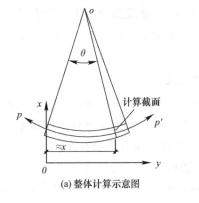

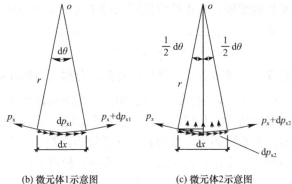

(a) 整体计算示意图　　　　(b) 微元体1示意图　　　　(c) 微元体2示意图

图 2-1-6 张拉过程中拉索在索撑节点孔道中的力学分析简图

1）由图 2-1-6（b）可知，由于孔道偏差，内壁粗糙及预应力拉索表面粗糙引起的摩擦损失 $\mathrm{d}p_{x1}$ 为：

$$\mathrm{d}p_{x1} = -kp_x r\mathrm{d}\theta \approx -kp_x\mathrm{d}x \tag{2-1-74}$$

式中　k——孔道每米长度局部偏差的摩擦系数；

　　　p_x——距张拉端 x 处的预应力拉索的拉力。

2）由于预应力拉索在孔道处曲线布置，即在出入孔道前后发生转角，由图 2-1-6（c）可知，曲线孔道的孔壁对预应力拉索产生正压力而引起的摩擦损失 $\mathrm{d}p_{x2}$ 为：

$$\mathrm{d}p_{x2} = -\mu p_x\mathrm{d}\theta \tag{2-1-75}$$

式中　μ——预应力拉索与孔道壁的摩擦系数。

两者相加，得：

$$\mathrm{d}p_x = -kp_x\mathrm{d}x - \mu p_x\mathrm{d}\theta \tag{2-1-76}$$

对上式积分，可得：

$$\int_p^{p_x}\frac{\mathrm{d}p_x}{p_x} = -\int_0^x k\mathrm{d}x - \int_0^\theta u\mathrm{d}\theta \tag{2-1-77}$$

$$p_x = p\mathrm{e}^{-(kx+\mu\theta)} \tag{2-1-78}$$

$$\Delta p_{\mathrm{x}} = p\left[1 - \mathrm{e}^{-(kx + \mu\theta)}\right] \tag{2-1-79}$$

式中　p——张拉端预应力；

　　　　x——张拉端至计算截面的孔道长度，可近似取为该段孔道在纵轴上的投影长度；

　　　　θ——距 x 处的预应力拉索角度变化的绝对值之和（rad）。

由于索撑铸钢节点内部一般较为平整，并且从图 2-1-4 中可看出拉索在铸钢节点内部通过的长度较短，因此 $\mathrm{d}p_1$ 的影响可以忽略不计，摩擦力损失主要取决于预应力拉索与孔道壁产生的正压力引起的摩擦损失 $\mathrm{d}p_2$，即与摩擦系数和折角 θ 有关，则

$$\Delta p_{\mathrm{x}} = p(1 - \mathrm{e}^{-\mu\theta}) \tag{2-1-80}$$

根据式（2-1-77）可知，该节点形式的摩擦力只和预应力大小 p、预应力拉索与孔道壁的摩擦系数 μ 以及拉索出入孔道的转角 θ 有关。实际施工中，弦支穹顶结构的索撑节点采用张拉环索施工时，力求预应力张拉过程中索体与孔道间的 μ 最小，比如采取铸钢节点内侧钢表面涂刷聚四氟乙烯涂料和钢索接触面包裹聚四氟乙烯板等措施减小索与铸钢节点接触面的摩擦系数，这样最终可以有效地减小拉索通过索撑节点时的预应力损失。

根据式（2-1-77），导出的环索通过该节点的预应力摩擦损失系数为：

$$\mu_{\mathrm{p}} = 1 - \mathrm{e}^{-\mu\theta} \tag{2-1-81}$$

式中　μ_{p}——预应力摩擦损失系数。

假定同一道环索节点具有相同的 μ 值，则各环索撑节点之间的预应力摩擦损失系数比值为：

$$\mu_{\mathrm{p}i}/\mu_{\mathrm{p}j} = (1 - \mathrm{e}^{-\mu_i\theta_i})/(1 - \mathrm{e}^{-\mu_j\theta_j}) \tag{2-1-82}$$

如果 $\mu \times \theta$ 的值很小，则 $(1 - \mathrm{e}^{-\mu\theta}) \approx \mu\theta$，则预应力摩擦损失系数 μ_{p} 可表示为：

$$\mu_{\mathrm{p}} = \mu\theta \tag{2-1-83}$$

且有

$$\mu_{\mathrm{p}i}/\mu_{\mathrm{p}j} = \mu_i\theta_i/(\mu_j\theta_j) \tag{2-1-84}$$

式中　$\mu_{\mathrm{p}i}$——第 i 道环索的预应力摩擦损失系数；

　　　　$\mu_{\mathrm{p}j}$——第 j 道环索的预应力摩擦损失系数；

　　　　θ_i——第 i 道环索的相邻索段折角；

　　　　θ_j——第 j 道环索的相邻索段折角；

　　　　μ_i——第 i 道环索的预应力拉索与孔道壁的摩擦系数；

　　　　μ_j——第 j 道环索的预应力拉索与孔道壁的摩擦系数。

如果已知或假定一个节点的壁摩擦系数，只需要确定该相邻环索的折角，就可确定拉索经过该节点的索撑节点摩擦损失系数。在应用时采用简化的计算公式（2-1-83）并结合参数识别的技术确定实际工程中节点的索撑节点摩擦力大小，对于大跨度结构而言这种计算方法已经足够精确，足以满足实际工程的需要。

（2）简化计算公式验证式（2-1-84）

由上文可知，所推导的预应力摩擦损失系数比值 $\mu_{\mathrm{p}} = \mu\theta$。而文献 [11] 认为拉索等柔性构件通过孔道时，其预应力损失由张拉端力 p 在此处径向分力产生的正摩擦力引起，记为 $\mu_{\mathrm{p}} = 2\mu\cos(\alpha/2)$，$\alpha$ 为相邻索段的夹角。为了验证本节所提的公式的正确性，以 2008 年北京奥运会羽毛球馆的 5 道环索为例，假定各道环索索撑节点壁具有相同的 μ 值，采用这两种算法对预应力摩擦损失系数进行计算对比。表 2-1-1 给出了 2008 年北京奥运会羽毛球

馆5道环索相邻索段的转角值和计算结果。

表 2-1-1

环索相邻转角值以及计算结果

环索位置 （由外而内）	夹角	转角	各环索预应力摩擦损失系数比值	
			本节公式计算结果	文献［11］计算结果
第1环	167.1°	12.9°	1.00	1.00
第2环	167.1°	12.9°	1.00	1.00
第3环	167.1°	12.9°	1.00	1.00
第4环	154.3°	25.7°	1.99	1.97
第5环	154.3°	25.7°	1.99	1.97

从表 2-1-1 可以看出，本节的计算公式和常用[12]的简化算法结果很接近，相对误差只有 1%，验证了该计算公式的正确性和可行性。

2. 弦支穹顶结构索撑节点数值模拟

（1）索撑节点模拟研究现状

索作为一种轻质、高效和经济的构件，大量应用于工程结构中，使索结构日益广泛，如大跨屋顶、斜拉桥、悬索桥、索道、拉线塔等。对于弦支穹顶结构来说，关于索撑节点数值模拟的有限元方法有多种，较为精确的是实体接触单元方法[13]，该方法精度较高，计算工作量大。实际工程中一些摩擦参数和接触情况是具有随机性的，由于没有试验数据，根据经验估计或者试算很难做到和实际相符合，并且该种模拟方法仅适用于索撑节点分析中。文献［14，15］提出了五节点滑移索单元，可用于求解复杂的滑移刚度矩阵，但不便应用于实际工程结构。文献［16，17］为精确分析滑动索系结构的内力和变形，创建了一种考虑摩擦力影响的新单元，新单元有三个节点，中间节点为支撑点。该单元由两个弹性悬链线单元组合而成，并根据支撑点处的两侧索力、滑动方向和摩擦滑移刚度调整两索段的索原长，使支撑点两侧的索力满足摩擦关系。该新单元算法具有正确性和高效性，并可直接用于常规的有限元分析中，研究处于工作状态或施工中的滑动索系结构，具有较高的精度，但存在计算通用软件接口问题，较为复杂。实际上，采用高精度单元形式需要综合考虑计算的精确性和经济性，以求在二者之间找到合理的平衡点。

文献［18］通过虚加温度荷载的办法调整两侧杆件的原长，文献［14］采用二分法调整两侧索段的索原长，收敛速度都很慢。为提高两侧索力调整效率，文献［15］推导了索在支撑点的滑移刚度，并对多跨连续索进行了解析迭代分析；文献［16］用弹性悬链线单元模拟索段，采用与文献［19］不同的方法，推导了索在支撑点处的单侧滑移刚度，通过有限元迭代调整支撑点两侧的索原长，使索力相等。但是文献［18-24］都忽略了支撑点处摩擦损失的影响。文献［25］假定了一组独立变量，利用有限元基本原理建立了模拟滑轮的滑移单元，用滑轮效率表示摩擦的影响。该单元通过自动调整两侧索段的长度使单元处于平衡状态，从而简化了计算，但是采用该方法计算较为复杂。

（2）摩擦理论在弦支穹顶实际工程中的应用

对于大型复杂的实际工程结构，一般采用有限元软件进行分析，而滑移单元和计算软件接口问题，或者是使用现有有限元程序开发新的单元是相对复杂的问题，会增加大量的工作量，不便在实际工程中使用；而且对于大跨度的结构采用足够精度模拟就可以满足实际需求了，不需要采用更高精度的单元。

文献［12］利用 ANSYS 对环索和索撑节点进行了带摩擦的非线性接触有限元分析，通过实际施工监测数据反算了预应力损失，并将设计计算结果与实测数据分析结果进行了对比，分析了预应力损失值偏大的原因，对张拉环索的弦支穹顶索撑节点提出了一些建议。文献［26，27］采用撑杆下节点、径向索单元节点共用一个节点，而环索采用单独节点，在环索节点竖向和法向与径向索单元节点进行耦合，并在二者之间建立切向弹簧单元，由此考虑环索和撑杆下节点之间的滑移，然后根据实际环索或径向杆或撑杆的内力监测数据反算弹簧刚度，依此考虑滑移产生的摩擦损失，此方法具有可操作性和实用性。文献［12，26，27］均使用实际施工监测数据反算了预应力损失，在大跨度结构上设置大量的监测设备和工具会增加施工难度和成本，而且监测数据本身具有一定的离散性和较强的随机性，这必然会削弱反算结果的准确度，在一定程度上削弱了监测的实际意义。

（3）本研究对弦支穹顶结构索撑节点的模拟技术

考虑到上述文献所提方法的局限性和实际工程的特点，本研究在 ANSYS 软件平台上进行二次开发，采用撑杆下节点、径向索单元节点共用一个节点，而环索采用单独节点，在环索节点竖向和法向与径向索单元节点进行耦合，并在二者之间建立切向弹簧单元，依此模拟环索和撑杆下节点的径向滑移并可在滑移方向上形成一定的滑移刚度；该滑移刚度值采用参数识别技术得到；然后可以对结构进行考虑索撑节点摩擦损失的施工性能分析。由于该方法无需大量的监测数据，需要的监测点和监测人员、机具较少，节约施工成本。

2.2　结构动力稳定承载力分析法

2.2.1　动力稳定分析理论

在大雪、强风和强烈地震作用下，单层网壳结构可能由于稳定问题导致结构的破坏或倒塌。例如：跨度为 93.5m 的布加勒斯特穹顶网壳结构曾于 1963 年在一场持续长时间的大雪后突然倒塌。而为单层网壳与拉索、撑杆组合体的穹顶结构稳定性问题自然而然地引起了人们的重视。到目前为止，在静力荷载作用下的稳定性问题已经得到了较好的解决，然而对这类结构的动力稳定问题研究仍处于起步阶段。结构的动力稳定问题是结构分析的前沿课题，有着重要的理论价值和实际应用价值。弦支穹顶作为一种复杂空间结构很有代表性，其动力稳定性问题的解决对于同类其他结构有着重要的指导意义。

2.2.1.1　常见的动力失稳现象

1. 参数共振

结构动力稳定性研究始于直杆的参数共振问题，如果在直杆上作用着周期性的纵向荷载，且其振幅小于静力临界值，则一般说来，杆件只受纵向振动。但是，当扰频 θ 与横向自振频率 ω 近似满足 $\theta=2\omega$ 时，杆件的直线形式将变为动力不稳定的：发生横向振动，其振幅迅速增加到很大的值。动力不稳定区域是扰动力幅值与频率的函数 ［图 2-2-1（a）］。

2. 逃逸运动失稳

如果结构在静荷载作用下，存在不稳定的后屈曲路径，则在动力临界荷载作用下将出现动力跳跃失稳现象，产生逃逸失稳运动。当动荷载小于临界荷载时，结构绕静力平衡位置振动，当动荷载增加到临界值时，结构在原始平衡位置的振动变为不稳定的，结构大变

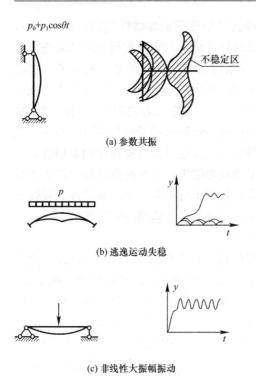

(a) 参数共振

(b) 逃逸运动失稳

(c) 非线性大振幅振动

图 2-2-1 结构动力失稳现象

形不能继续吸收外力功，反而释放应变能转化为动能，促使结构产生逃逸运动，结构由初始振动平衡位置跳跃到新的振动平衡位置，围绕新位置继续振动［图 2-2-1（b）］。浅拱、扁球壳、弯顶网壳在突加阶跃荷载和地层荷载作用下，都可能产生动力跳跃屈曲。有的学者试图用静力的方法研究结构跳跃屈曲，即在数值分析中通过对结构施加约束，求得结构荷载-位移曲线的下降段。而在实际结构中，荷载一般不能自动卸荷，并且结构的跳跃过程为动态的，因此用静力方法计算得到的结构荷载-位移曲线的下降段是虚假的，没有物理意义，只有通过非线性动力分析方法才能模拟结构真实的跳跃失稳全过程。

3. 非线性大振幅振动

横向作用的梁、板等结构，在静荷载作用下根本不屈曲，或有稳定的分支路径，这些系统在动荷载作用下，围绕初始静力平衡位置振动，结构的振幅随外荷载增加而增大［图 2-2-1（c）］，结构振动位移没有剧烈跳跃变化过程，当外荷载增加到临界值时，结构振幅超过变形允许的范围，影响结构正常使用，即认为结构动力失稳破坏。

2.2.1.2 动力失稳的机理

结构动力稳定问题本质上是研究系统振动微分方程解的稳定性，在数学力学中称为运动稳定性理论，它是由俄罗斯学者 A·M·李雅普诺夫创立的，他在 1892 年发表了经典著作《运动稳定性的一般问题》，从而奠定了运动稳定性理论的基础。运动稳定性理论经过一个世纪的发展，对于线性定常系统的运动稳定性问题已解决。非线性定常系统一般先化为线性定常系统，在非临界情况下，可以由线性定常系统的稳定性判定原非线性系统的稳定性。对于非定常系统，如果微分方程的系数为周期函数，例如参数共振时的微分方程，根据特征根的模判定系统的稳定性。而对于任意非定常系统，虽然通解的结构已经研究清楚，但是解的稳定性问题远较定常系统困难，至今仍然是运动性理论的重要研究课题之一。

结构动力失稳机理非常复杂，结构是否失稳，何时失稳，都是和荷载历史以及材料的物理性质相关联。结构在显含时间的荷载作用下，如地震作用，系统的振动为非定常非线性系统。为使问题简化，将结构的非线性振动过程分成若干区间，如果区间足够小，则可保证非线性项与线性项相比为高阶无穷小，可以由线性项特征方程的特征根判定结构的运动稳定性。还可由切线刚度矩阵的性质判定结构运动稳定性，如果结构的切线刚度矩阵始终保持正定，则结构的振动稳定；如果结构的切线刚度矩阵瞬时非正定，结构是否动力失稳还要分析结构的动力响应是否发散。

由于切线刚度矩阵显含时间，在强烈地震作用下瞬时切线刚度矩阵可能非正定，结构处于不稳定运动状态，但由于地震的往复作用，构件的弹性卸荷，切线刚度矩阵恢复正

定，结构由不稳定运动状态恢复稳定振动。因此不能认为结构刚度矩阵非正定，结构一定
动力失稳破坏。如果结构刚度矩阵在某些区间内持续非正定，结构在持续不稳定运动状态
运动，响应必将发散或颤振。网壳结构在动荷载作用下，当荷载较小时，结构的切线刚度
矩阵正定，结构围绕静力平衡位置振动，随着荷载增加，结构振幅逐渐增大，当结构切线
刚度矩阵持续非正定时，结构围绕原平衡位置的振动不稳定，产生跳跃失稳，运动到新的
平衡位置，围绕新的平衡位置继续振动。如果结构的弹性应变能和塑性变形消耗的能量以
及阻尼所耗散的能量之和小于外力功，则结构必将产生大位移反应以吸收剩余的外力功，
这就是结构动力失稳的能量守恒机理。

对于任意的非定常非线性动力系统，从严密的数学分析判定其运动稳定性具有极大的
困难。虽然从某种意义上说，结构的刚度矩阵（通过将结构的振动全过程有条件分段线性
化，将问题简化，并且将直接积分方法与运动稳定理论结合起来：在结构的振动过程中，
如果结构的切线刚度矩阵持续非正定，并且结构的响应发散或颤振，则结构动力失稳）可
作为结构动力响应的一种特征指标，但是网壳结构是一个复杂的多自由度体系，没有层的
概念，为此需要做更进一步的理论研究与量化工作。

2.2.1.3　三种动力屈曲判断准则

研究结构动力稳定性问题的困难之一是如何定义不稳定性。稳定性准则既要在逻辑上
站得住，又要在实际上可行，二者是不易兼得的。G. J. Simitses 在文献［28］中概括了三
个动力屈曲判断准则。

1. Budiansky-Roth 准则

通过系统运动方程直接解出位移和荷载的关系，而把微小荷载变化引起结构位移突然
增加时的荷载定义为临界荷载。它的本质是李雅普诺夫意义上的运动失稳。对于屈曲后分
支路径为稳定的，荷载-位移曲线单调增长而无极大值。此时，只要曲线的拐点足够明显，
Budiansky 建议把曲线的拐点作为动力屈曲的临界点。

2. 许皆苏（Hsu C. S.）能量准则

研究动力系统在相平面内的运动轨迹确定临界条件，当荷载小于临界值时，系统的运
动轨迹围绕初始平衡位置，当荷载大于临界值时，系统的运动轨迹偏离初始位置，系统运
动失稳。通过定义系统稳定与不稳定的充分条件，确定动力稳定临界力的上、下界。该准
则适用于弹性二阶方程。

3. Simitses 势能准则

将临界状态与结构的总势能相联系，建立临界条件的上、下界。该准则仅限于保守系
统，且具有两个以上平衡位置。系统的能量守恒：$UT+T=0$，动能 $T>0$，结构的总势能
$UT<0$。临界状态为 $T=0$，$UT=0$。如果在临界状态，结构为静力不稳定的，则在大于
临界动荷载作用下失稳，产生逃逸运动，达到相邻的稳定平衡位置，并围绕此位置振动。
该方法从能量上解释了结构跳跃失稳机理。

2.2.1.4　动力失稳的计算机应用软件研究

采用经典的理论和方法来解决实际的复杂网壳结构动力稳定性问题往往达不到理想效
果。随着计算机运算速度的迅速提高，一些基于有限元法解决实际结构的动力稳定问题的
软件纷纷出现。在应用研究方面，几乎所有的设计制造都离不开有限元分析计算，FEA

在工程设计和分析中将得到越来越广泛的重视，但对工程结构进行动力稳定性分析还难以实现。由求解线性工程问题进展到分析非线性问题，随着科学技术的发展，每两年一次的非线性分析专业软件包 ADINA 专题会议论文，都在国际权威期刊"Computer& Structures"公开发表。论文介绍该软件增加的最新内容，其中的结构非线性动力分析部分，目前仍未涉及结构的动力稳定性分析。有限元软件包 Algo 中有关结构动力分析的内容主要有：采用直接积分法给出的瞬态应力分析，以及采用振型叠加法给出的瞬态应力分析、反应谱分析、随机振动分析、频谱分析。此外，该软件中还给出了基于冲量定理的简单结构模型的冲击动力分析。ANSYS 是由美国 ANSYS 公司开发的大型通用有限元分析软件，目前有关结构动力学分析内容有：模态分析、谐波响应分析、瞬态动力学分析、谱分析、随机振动分析等。可以求解各种二维、三维非线性结构的高速碰撞、爆炸和金属成型等接触非线性、冲击荷载非线性和材料非线性问题。MARC 软件有关动力分析部分的内容有：特征值提取、瞬态响应分析、简谐响应分析和频谱响应分析。由于 MARC 采用增量非线性分析非线性动力响应，因此可以考虑大位移和大应变的几何非线性和各种非线性材料行为的影响，也可进行包括接触边界动态撞击问题的分析。在动力稳定性分析中，要涉及结构的非线性动力屈曲和屈曲后的平衡路径跟踪，而动力失稳问题的屈曲后路径是不稳定的。在越过稳定性临界点时，必须对荷载增量步长进行严格的自动控制，有时还需要施加扰动，才可能成功跟踪动力屈曲后平衡路径。类似的有限元软件还有德国的 ASKA、英国的 PAFEC、法国的 SYSTUS、美国的 ABQUS、ADINA 和 STARDYNE 等公司的产品。目前，这些分析软件尚不能直接进行大跨度网壳结构的非线性失稳分析。

2.2.1.5 关于空间结构动力失稳的一个实用判别准则

国内哈尔滨工业大学一些研究论文，采用试算法求结构动力失稳临界荷载，逐渐增加荷载值，计算结构在各级荷载作用下的动力响应，随着荷载的增加，振幅逐渐增大，当荷载的微小变化导致结构的切线刚度矩阵非正定，并且动力响应发散或颤振时，即认为结构达到动力失稳临界状态，此时的荷载即为动力稳定临界荷载。虽然这样的处理思路距离理想的非线性分析仍然有一定距离，而且在确定结构动力稳定临界荷载时要反复计算，耗费大量的机时，但是这种方法与李雅普诺夫意义下运动稳定性一致，而且用于计算实际网壳结构是相对比较实用、可行的。基于此，调研到文献［30］提出的两个实用判别指标，即：

第一指标：以网壳运动位移包络面上的最大位移为判别指标。通过荷载幅值-结构最大位移曲线来判断结构的动力稳定性。曲线上每一点对应某一幅值下结构曾达到的最大位移。当网壳结构运动状态保持稳定时，其位移外包络面随荷载幅值的增大而均匀增大；当结构失稳时，微小的荷载幅值增量将导致结构位移外包络面的突然增大。所以该指标能体现结构的整体运动特性。

第二指标：以网壳某特征节点的位移作为判别指标。通常以荷载幅值-结构特征点的位移曲线来判断结构的动力稳定性。结构特征点通常取某一荷载幅值下结构最大位移点。对于网壳结构这种空间多自由度的复杂系统，常先发生局部动力失稳，最终整体失稳。因此，该指标能反映网壳结构某节点的局部失稳导致整体失稳的全过程。当取任意点为特征点时，该指标则可反映局部刚度矩阵随荷载幅值的变化情况。

2.2.1.6　时程分析理论

瞬态动力学分析是计算结构随时间任意变化的荷载作用下的响应，也叫时间历程（Time-History）分析。可以用时程分析来确定结构在稳态荷载、瞬态荷载和简谐荷载组合作用下的位移、应力和应变随时间的变化规律。时程分析最大的特点是需要考虑惯性力和阻尼力的影响。如果惯性力和阻尼力的影响可以忽略，则可以用静力分析来代替瞬态动力学分析。

瞬态动力学分析的基本方程：

$$M\ddot{u} + C\dot{u} + Ku = F(t) \tag{2-2-1}$$

$$[K]_{T}^{i} \mathrm{d}\{a\}^{i} = \mathrm{d}\{F^{i}\} \tag{2-2-2}$$

式中　M——质量矩阵；

　　　C——阻尼矩阵；

　　　K——刚度矩阵；

　　　u——节点位移向量；

　　　$\dot{u}$——节点速度向量；

　　　$\ddot{u}$——节点加速度向量。

对于任意时刻 t，瞬态动力学的方程可以看作是添加了惯性力和阻尼力的静力学平衡方程。ANSYS 采用时间积分方法在离散的时间和空间网格上求解这个方程。在 ANSYS 中有三种方法可以进行瞬态动力学分析：

（1）完全法。完全法采用完整的系统矩阵计算瞬态响应，是三种方法里功能最强大的一种。此方法可以包含塑性、大变形和接触等多种非线性因素。

（2）缩减法。缩减法通过采用主自由度和缩减矩阵来压缩问题的规模。主自由度的位移计算出来以后，解可以扩展到初始完整的自由度集合上。

（3）模态叠加法。模态叠加法先通过模态分析得出结构的特征振型，通过叠加特征振型来计算结构的谐响应。

为考虑结构的双重非线性，建议采用完全法来进行时程分析。

2.2.2　空间结构动力稳定性研究

常见的单层球面网壳有肋环型、施威德勒、联方型、Kiewitt 型（简称 K 型）、三向型及短程线型等各种网格形式，所以弦支穹顶根据上层单层网壳形式类别可分为：肋环型、施威德勒、联方型、Kiewitt 型、三向型、短程线型等弦支穹顶形式。它们的受力性能既有弦支穹顶共性的一面，亦各具自身的特性。在这些网格形式中，Kiewitt 型适用范围较宽，其网格比较均匀且易于划分，杆件种类相对较少，施工也比较方便，在实际工程中应用较为普遍。

本节的研究对象是跨度为 90m 的 Kiewitt-联方型弦支穹顶，满跨均布荷载为 $200\mathrm{kg/m^2}$，集中作用于节点上。节点均为铰接连接，其四圈周边的支承节点为三向铰支座。杆件采用圆钢管和拉索（相当于只拉不压杆）。杆件截面的选取原则：一个穹顶结构有四种杆件：单层网壳、撑杆、径向拉索、环向拉索。选用杆件不考虑材料非线性和初始缺陷的影响，使结构在静力荷载作用下的安全度在 2.0 左右，这与实际工程中杆件截面的选取相符，具体杆件选取如表 2-2-1 所示。其中两道拉索预应力设计值分别为 620kN 和 260kN，如没有特别说明，本节中所涉及工况的拉索预应力设计值均取此值。图 2-2-2 给出了弦支穹顶模型的节点编号图，本节所涉及的节点号都与此图相对应。

跨度 90m 杆件选取 表 2-2-1

矢跨比（跨度 90m）	1/10	1/8	1/6
单层网壳	225×8.5	φ210×8	195×7.5
撑杆	φ89×4	φ89×4	φ89×4
径向拉索	6×19φ18.5	6×19φ18.5	6×19φ18.5
环向拉索	6×19φ24.5	6×19φ24.5	6×19φ24.5

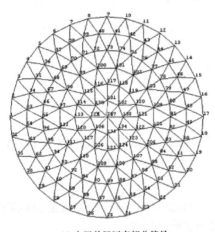

(a) 上层单层网壳部分编号

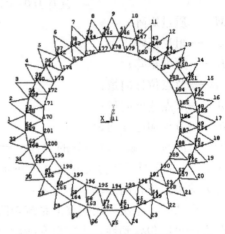

(b) 环向及径向拉索编号

(c) 撑杆编号

图 2-2-2　计算模型编号图

本节的主要工作是对跨度为 90m、矢高为 11.25m 的弦支穹顶的动力稳定性能进行了大规模的参数分析：考虑不同矢跨比和地震波的不同输入（水平方向、竖向及三向）的影响，得出了一些有意义、有价值的结论。

国内外很多研究资料表明对于大跨度的空间结构，其水平地震和竖向地震对结构的影响都非常重要，故本节对跨度 90m、矢跨比为 1/10、1/8 及 1/6 的弦支穹顶结构分别在水平、竖向及三向地震作用下的响应进行了研究，并给出了其稳定临界荷载值，结构材料本构关系为理想弹塑性，屈服强度取 $235\text{N}/\text{m}^2$，输入波形为 1940 年的 El-Centro 波。

2.2.2.1 水平地震作用下弹塑性动力稳定性分析

1. 动力失稳过程及稳定临界荷载的判定

将 El-Centro 波 X 方向分量作用于 1/10 矢跨比球壳，由表 2-2-2 列出的 1/10 矢跨比弦支穹顶在不同加速度峰值的水平地震作用下结构的一些响应特征值，图 2-2-3 给出的结构在不同加速度峰值地震作用下位移最大时刻的整体变形图，变形放大了 20 倍，可知，当地震波加速度峰值为 100～1200gal 时结构最大位移点均为 185 节点，位移最大时刻的整体变形趋势类似；当加速度峰值分别为 1300gal、1400gal 时结构最大位移点为 121 节点，位移最大时刻的整体变形趋势类似。结构的最大位移在加速度峰值达到 1000gal 时发生突变，由 900gal 时的 0.2263m 增至 1000gal 时的 0.4380m。

矢跨比 f/L 为 1/10 的弹塑性结构在水平地震作用下的响应　　表 2-2-2

加速度峰值（gal）	节点	时间（s）	位移峰值（m）
100	185	5.92	0.0577
200	185	5.92	0.7422
400	185	5.92	0.1175
800	185	5.94	0.1940
900	185	5.91	0.2263
1000	185	5.63	0.2380
1200	185	5.62	0.2788
1300	121	5.93	0.4569
1400	121	5.98	0.5752

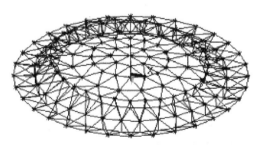
(a) 结构在200gal、5.92s的变形

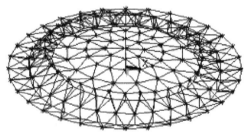
(b) 结构在800gal、5.94s的变形

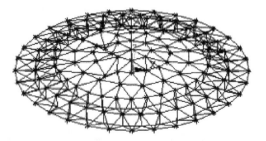
(c) 结构在1400gal、5.98s的变形

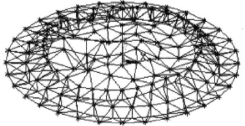
(d) 结构在1600gal、6.00s的变形

图 2-2-3　矢跨比 f/L 为 1/10 的弹塑性穹顶整体变形图（变形放大 20 倍）

由图 2-2-4 可以看出，结构最大位移随加速度峰值的增加成线性增长，结构最初在弹性范围内振动；当加速度幅值提高到 1000gal 时，结构最大位移随加速度幅值不再成线性增加，结构有部分杆件进入塑性；超过 1200gal 时，结构位移有一个突然的增加，此时对应的加速度幅值即动力稳定临界荷载，即为 1200gal。

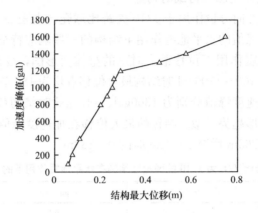

图 2-2-4　矢跨比 1/10 结构最大位移-地震作用加速度峰值曲线

2. 不同矢跨比对动力稳定性的影响

矢跨比是弦支穹顶的重要结构参数之一，现有研究表明，矢跨比对弦支穹顶地震响应的影响十分显著。故对矢跨比为 1/10、1/8 及 1/6 的弦支穹顶在 El-Centro 水平地震作用下的响应进行了对比研究。经分析，不同矢跨比弦支穹顶的动力失稳过程有一定的相似性：随着加速度峰值的逐渐增大，进入塑性状态的杆件也越来越多，结构的振动平衡位置也逐步偏离初始位置，当加速度峰值增大到一定的时候，结构的最大位移突然增大，此时即为结构的动力稳定临界荷载，由图 2-2-6、图 2-2-8 中地震加速度峰值-结构最大位移曲线的斜率变化较大处知，矢跨比为 1/8 及 1/6 穹顶的稳定临界荷载分别为 1450gal、1550gal。

由表 2-2-3、图 2-2-6 可知，水平地震作用下结构振动过程的最大位移点并不是固定的，而是不断变化的。由图 2-2-10 知，不同的矢跨比的稳定临界荷载是不同的，在所研究矢跨比范围内，矢跨比越大，临界荷载越大。对比图 2-2-5、图 2-2-7、图 2-2-9 可知，结构矢跨比越大，当加速度达到临界荷载时，结构局部发散点出现的时刻越早。

矢跨比 f/L 为 1/8 的弹塑性结构在水平地震作用下的响应　　　　　　表 2-2-3

加速度峰值（gal）	节点	时间（s）	位移峰值（m）
100	185	5.78	0.04202
200	185	5.80	0.0654
400	185	5.83	0.1109
800	185	5.83	0.2052
1200	66	5.43	0.2587
1400	66	5.41	0.2912
1450	33	5.39	0.3118
1500	121	4.91	0.4015
1600	121	5.34	0.40179
2000	133	6.00	0.9563

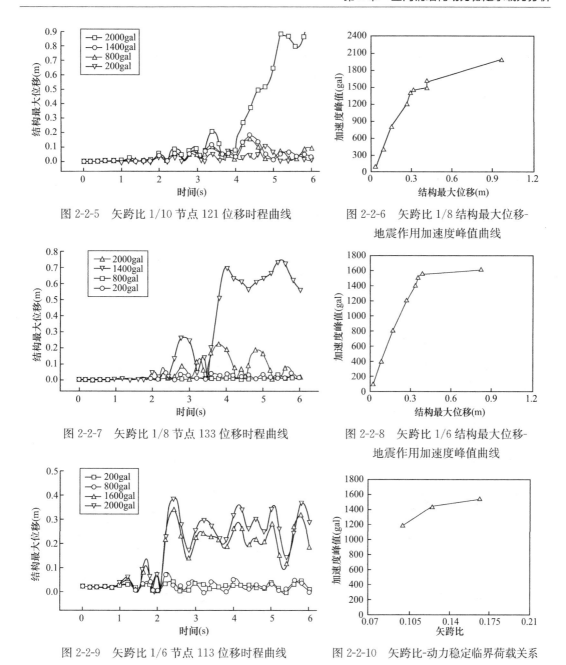

图 2-2-5　矢跨比 1/10 节点 121 位移时程曲线

图 2-2-6　矢跨比 1/8 结构最大位移-
地震作用加速度峰值曲线

图 2-2-7　矢跨比 1/8 节点 133 位移时程曲线

图 2-2-8　矢跨比 1/6 结构最大位移-
地震作用加速度峰值曲线

图 2-2-9　矢跨比 1/6 节点 113 位移时程曲线

图 2-2-10　矢跨比-动力稳定临界荷载关系

2.2.2.2　竖向地震作用下弹塑性动力稳定性分析

1. 动力失稳过程及稳定临界荷载的判定

将 El-Centro 波竖向分量作用于 1/10 矢跨比球壳，由图 2-2-13 可知在竖向地震作用下，位移最大点出现在结构的中心，节点号为 137，位移时程曲线见图 2-2-13。当加速度峰值小于 1000gal 时结构的刚度很好，其最大位移小于 0.1m。由图 2-2-11 可以看出随着加速度峰值的增大，137 节点逐步偏离原始位置，在新的平衡位置振动。与结构在水平地震作用下的响应基本类似，但是也有不同之处，整个结构的变形过程也就是结构中心点不断下凹的过程。当加速度峰值为 1100gal 时，结构最大位移增至 0.2250m，上部中心位置凹陷了下去；当加速度峰值为 1200gal 时，结构已成混沌变形状态；由图 2-2-13 可以判定结构已经失稳，而此时 137 点并没有出现运动发散，据观察，也并未出现其他运动发散点。直到加速度峰值增至 2600gal，结构才有局部点出现运动发散，事实上此时结构早已整体失稳破坏。

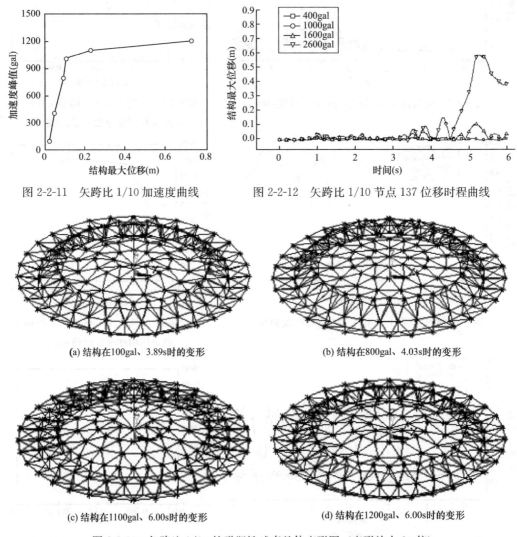

图 2-2-11　矢跨比 1/10 加速度曲线　　图 2-2-12　矢跨比 1/10 节点 137 位移时程曲线

(a) 结构在100gal、3.89s时的变形　　(b) 结构在800gal、4.03s时的变形

(c) 结构在1100gal、6.00s时的变形　　(d) 结构在1200gal、6.00s时的变形

图 2-2-13　矢跨比 1/10 的弹塑性球壳整体变形图（变形放大 20 倍）

矢跨比 f/L 为 1/10 的弹塑性结构在水平地震作用下的响应　　表 2-2-4

加速度峰值（gal）	节点	时间（s）	位移峰值（m）
100	137	3.89	0.0245
400	137	4.02	0.0481
800	137	4.03	0.0919
1000	137	4.03	0.1040
1100	137	6.00	0.2250
1200	137	6.00	0.7234

由图 2-2-11，根据判别准则，可以将矢跨比 1/10 结构临界稳定荷载定为 1100gal。

由图 2-2-13 可以看出，竖向地震输入下，结构振动形态是对称的，而水平地震作用下，振动形态并不对称，所以二者在振动形态上也有很大不同。

2. 不同矢跨比对动力稳定性的影响

根据图 2-2-14、图 2-2-16 可以将矢跨比 1/8、1/6 结构的动力稳定临界荷载分别定为：1600gal、2700gal。矢跨比 1/8、1/6 节点 137 位移时程曲线分别见图 2-2-15 和图 2-2-17。对比三种矢跨比下，结构局部发散点随着矢跨比的增大，出现的时刻也越来越早，这与水平地震作用下情况是一致的。由图 2-2-18 可以看出结构随矢跨比的增大，临界荷载增大，这与水平地震作用下的变化趋势是基本相同的。

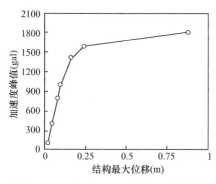

图 2-2-14　矢跨比 1/8 结构最大位移-
地震作用加速度峰值曲线

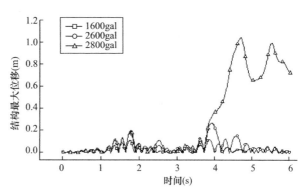

图 2-2-15　矢跨比 1/8 节点 137 位移时程曲线

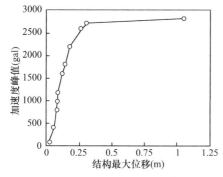

图 2-2-16　矢跨比 1/6 结构最大位移-
地震作用加速度峰值曲线

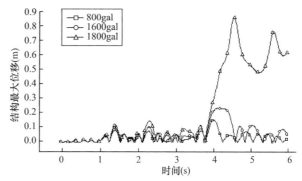

图 2-2-17　矢跨比 1/6 节点 137 位移时程曲线

2.2.3　三向地震作用下弹塑性动力稳定性分析

前面已经分别分析弦支穹顶在水平地震、竖向地震分别作用下的失稳过程及动力稳定性，水平地震、竖向地震对弦支穹顶的作用均很重要。在地震过程中，实际结构通常要受到三向地震的作用，下面将 El-Centro 地震波三向等比例调幅作用于穹顶上（取 X 方向分量峰值作为三向输入的峰值），对结构的失稳过程及动力稳定性进行研究。

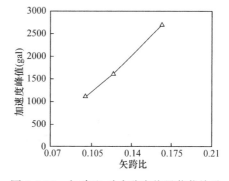

图 2-2-18　矢跨比-动力稳定临界荷载关系

1. 动力失稳过程及稳定临界荷载的判定

矢跨比 1/10 穹顶在三向地震作用下，当地震波加速度峰值在 100~800gal 之间时，结构最大位移点为 185 节点；当峰值超过 900gal 时结构最大位移点为 112 节点（表 2-2-5），结构在峰值超过 900gal 时，穹顶有部分杆件开始进入塑性，从而使结构的局部刚度降低，局部平衡位置发生偏移，结构绕新的平衡位置振动，结构发生局部失稳。随着加速度峰值的逐渐增大，进入塑性状态的杆件也越来越多，结构的振动平衡位置也逐步偏离初始位置。由图 2-2-20 可以看出在加速度峰值小于 900gal 时，112 节点随着地震动输入的加大，其平衡位置逐步偏离原始位置，整个结构在新的平衡位置继续振动，该点的振动并不发散；当加速度峰值达到 1200gal 时节点位移突然增大，在时间达到 6.00s 时，地震作用的加速度峰值已过，但节点的振动仍然不收敛，从而引起结构的整体失稳。由图 2-2-19 可以看出结构的失稳临界荷载为 900gal。

矢跨比 1/10 的弹塑性结构在三向地震作用下的响应 　　　　　　表 2-2-5

加速度峰值（gal）	节点	时间（s）	位移峰值（m）
100	185	5.91	0.0562
200	185	5.91	0.0763
400	185	5.93	0.1175
800	185	5.97	0.2014
900	112	5.98	0.2410
1000	112	6.00	0.4380
1200	112	6.00	0.7488

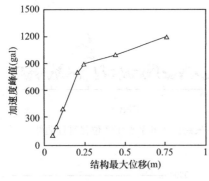

图 2-2-19　矢跨比 1/10 结构最大位移-
地震作用加速度峰值曲线

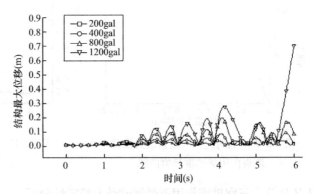

图 2-2-20　矢跨比 1/10 节点 112 位移时程曲线

由结构弹塑性的变形图（图 2-2-21）也可以看出，结构在加速度峰值为 200gal、400gal、800gal 的作用下其变形类似。这与水平地震和竖向地震类似。三向地震作用下，结构的变形是不对称的（图 2-2-21），这与水平地震作用下有些类似。

2. 不同矢跨比对动力稳定性的影响

同样，对矢跨比为 1/10、1/8 及 1/6 的弦支穹顶在 El-Centro 三向地震作用下的响应也进行了对比研究（表 2-2-6）。由图 2-2-22、图 2-2-24 可见，1/8 及 1/6 矢跨比弦支穹顶

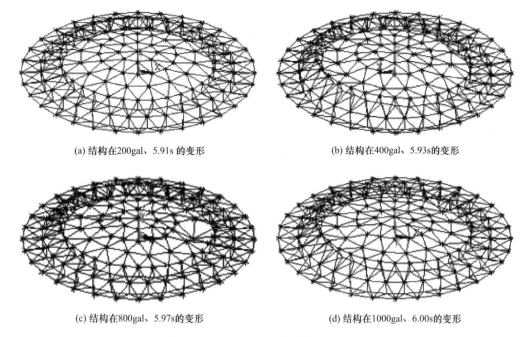

(a) 结构在200gal、5.91s 的变形　　　　　　(b) 结构在400gal、5.93s的变形

(c) 结构在800gal、5.97s的变形　　　　　　(d) 结构在1000gal、6.00s的变形

图 2-2-21　矢跨比 1/10 的弹塑性球壳整体变形图（变形放大 20 倍）

结构临界荷载与矢跨比对应关系　　　　　　　　　　表 2-2-6

矢跨比	结构稳定临界荷载（gal）		
	水平地震作用	竖向地震作用	三向地震作用
1/10	1200	1100	900
1/8	1450	1600	1400
1/6	1550	2700	1450

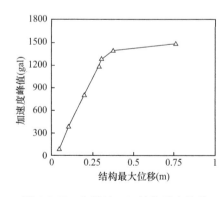

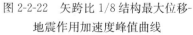

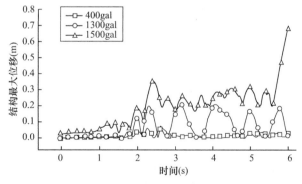

图 2-2-22　矢跨比 1/8 结构最大位移-　　　图 2-2-23　矢跨比 1/8 节点 112 位移时程曲线
　　　　地震作用加速度峰值曲线

在三向地震作用下，稳定临界荷载分别为 1400gal 及 1450gal。由图 2-2-26 可见，1/8 及 1/6 矢跨比弦支穹顶在三向地震作用下，随着矢跨比的增加，结构的动力稳定临界荷载越来越大。矢跨比 1/8 节点 112 位移时程曲线见图 2-2-23，矢跨比 1/6 节点 127 位移时程曲线见图 2-2-25。

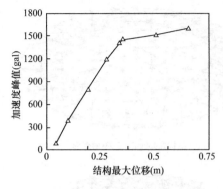

图 2-2-24　矢跨比 1/6 结构最大位移-
　　　　　地震作用加速度峰值曲线

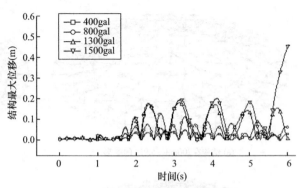

图 2-2-25　矢跨比 1/6 节点 127 位移时程曲线

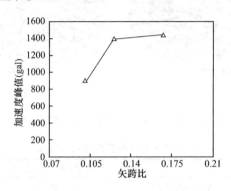

图 2-2-26　矢跨比-动力稳定临界荷载关系

　　矢跨比为 1/10 时，水平临界荷载比三向地震作用要高出 5 倍，竖向临界荷载则与三向临界荷载比较接近，也就是说，竖向荷载对结构稳定起主导作用。矢跨比为 1/8 及 1/6 时，竖向临界荷载比三向临界荷载要高出近 2 倍，而水平地震作用下的稳定临界荷载值则与三向地震作用临界荷载值较为接近，此时，水平地震作用占主导地位。

参考文献

［1］ 杜炜. 施威特勒型球面网壳稳定性分析［J］. 江西建材，2016（13）：16-17.

［2］ 丁涛. 单层双曲抛物面网壳的建模方法及力学特性研究［D］. 南昌：南昌大学，2011.

［3］ Riks E. An incremental approach to the solution of snapping and buckling problems［J］. International journal of solids and structures，1979，15（7）：529-551.

［4］ 沈世钊，陈昕. 网壳结构稳定性［M］. 北京：科学出版社，1999.

［5］ 代丽丽，王欣，高顺德. 起重机臂架的几何非线性全过程分析［J］. 起重运输机械，2016（09）：13-18.

［6］ 李阳. 弦支穹顶结构的稳定性分析与静力试验研究［D］. 天津：天津大学，2004.

［7］ 秦亚丽. 弦支穹顶结构施工方法研究和施工过程模拟分析［D］. 天津：天津大学，2006.

［8］ 郭云. 弦支穹顶结构形态分析、动力性能及静动力试验研究［D］. 天津：天津大学，2004.

［9］ B. A. Schrefler，S. Odorizz. A Total Lagrangian Geometrically Nonlinear Analysis of Combined Beam and Cable Structures［J］. Computers and structures，1983，n1：115-127.

[10]　盛美群，薛峰，王腾飞. 单跨预应力梁中预应力摩擦损失规律研究. 山西建筑，2008，34（3）：98-99.

[11]　宋玉普，车轶，马德有，等. 空间多曲线型预应力钢索的预应力摩擦损失研究. 土木工程学报，2002，35（6）：105-108.

[12]　王树，张国军，张爱林，等. 2008 奥运会羽毛球馆索撑节点预应力损失分析研究. 建筑结构学报，2007，28（6）：39-44.

[13]　葛家琪，王树，梁海彤，等. 2008 奥运会羽毛球馆新型弦支穹顶预应力大跨度钢结构设计研究. 建筑结构学报，2007，28（6）：10-21.

[14]　唐建民. 索穹顶体系的结构理论研究［D］. 上海：同济大学，1996.

[15]　唐建民，沈祖炎. 悬索结构非线性分析滑移索单元法. 计算结构力学及其应用，1999，16（2）：143-149.

[16]　魏建东. 预应力钢桁架结构分析中的摩擦滑移索单元. 计算力学学报，2006，23（6）：800-806.

[17]　魏建东. 滑动索系结构分析中的摩擦滑移索单元. 工程力学，2006，23（9）：66-70.

[18]　Wei Jiandong. Cable sliding at supports in cable structures［J］. Journal of Southwest Jiaotong University，2004，12（1）：56-60.

[19]　聂建国，陈必磊，肖建春. 多跨连续长索在支座处存在滑移的非线性静力分析. 计算力学学报，2003，20（3）：320-324.

[20]　郭彦林，崔晓强. 滑动索系结构的统一分析方法——冷冻-升温法. 工程力学，2003，20（4）：156-160.

[21]　魏建东，刘忠玉. 一种连续索滑移的处理方法. 计算力学学报，2003，20（4）：495-499.

[22]　Bilal M Ayyub. Post-tensioned trusses：analysis and design［J］. Journal of Structural Engineering，ASCE. 1990，116（6）：1491-1506.

[23]　王新堂，徐永春，王者静. 随机拉索刚度预应力空间钢桁架随机内力摄动分析. 计算力学学报，2002，19（1）：69-73.

[24]　唐建民，沈祖炎. 悬索结构非线性分析滑移索单元法. 计算结构力学及其应用，1999，16（2）：143-149.

[25]　魏建东. 索结构分析的滑移索单元法. 工程力学，2004，21（6）：172-176.

[26]　秦杰，王泽强. 2008 奥运会羽毛球馆预应力检测研究. 建筑结构学报，2007，28（16）：83-91.

[27]　王泽强，秦杰，徐瑞龙，等. 2008 奥运会羽毛球馆弦支穹顶结构预应力施工技术. 施工技术，2007，36（11）：9-11.

[28]　G. J. Simitses. Dynamic stability of suddenly loaded structure［M］. Springer-Verlag New York Inc. 1990.

[29]　郭海山，沈士钊. 单层网壳结构动力稳定性分析［J］. 建筑结构学报，2003，24（3）：1-9.

[30]　赵海峰，蒋迪. ANSYS 8.0 工程结构实例分析［M］. 北京：中国铁道出版社，2004.

第3章 空间钢结构静力稳定承载力分析

在分析空间钢结构的静力稳定性时有一个前提，即在强度设计阶段结构所有杆件都已经通过设计计算保证了强度和稳定性，这样，与杆件有关的缺陷对空间结构总体稳定性（包括局部结构的失稳问题）的影响就自然地被限制在了一定范围内，而且在相当程度上可以由关于初始几何缺陷（节点位置偏差）的讨论来覆盖。曲面形状的安装偏差（即各节点位置的偏差）对结构的整体稳定性影响最大，考虑初始缺陷的方法有确定性方法和随机性方法。

3.1 确定性分析法

大跨空间钢结构（尤其是壳体结构）对初始缺陷比较敏感，因此初始缺陷的概念也逐渐被引入到结构稳定问题的研究中。考虑初始缺陷对结构稳定影响的研究方法主要分为两类：一类是确定性的分析方法（忽略缺陷的随机性），如临界缺陷模态法、一致缺陷模态法及其改进方法等；另一类为随机缺陷的方法，如随机缺陷法、改进随机缺陷法、Monte Carlo 法、随机影响函数法、分散系数法等。可通过计算机模拟随机缺陷，然后再分析缺陷对结构的影响。已有学者[1-3]对不同类型网壳结构的缺陷敏感性进行了研究，结果表明初始缺陷对网壳结构承载力具有显著影响，因此在实际工程中必须考虑初始缺陷对结构的影响。本节首先对确定性分析方法进行阐述，其中具有代表性的分别有临界缺陷模态法、一致缺陷模态法、一致缺陷模态法的改进方法以及缺陷模态迭代解法。

3.1.1 临界缺陷模态法

对于任何一个结构体系，它的初始缺陷都是导致临界点发生变化的一个变量，也就是说，临界点与初始缺陷之间存在着一定的关系。在规定的缺陷幅值下，根据临界点的特征推导计算对结构承载力影响最不利初始缺陷模态的方法，即临界缺陷模态法；与以往传统的缺陷敏感分析方法不同，临界缺陷模态法从临界点势能函数的摄动这个角度来考虑结构的缺陷敏感问题[4]。

在弹性范围内，针对杆、梁单元形式的网壳结构，结构中单个节点的初始位移缺陷对结构稳定性有较大影响，同时，结构中多个节点的初始位移缺陷组合对结构的影响也不容忽视。临界缺陷模态比一致缺陷模态对结构极限承载力的影响更大，该方法在使用上具有一定的先进性。然而，由于目前在这方面的研究还不够成熟，临界缺陷模态法的广泛运用仍然面临几个问题：一是非线性平衡方程求解技术在准确度方面的进一步完善；二是多模态对结构缺陷敏感性作用机理的解决；三是临界缺陷模态法应用范围的确定。

综上所述，尽管目前在临界缺陷模态法的应用上还存在一些问题，但其仍不失为探索结构稳定缺陷敏感性的一种有发展潜力的方法。而且，随着问题的不断解决，临界缺陷模态法的应用将会越来越成熟，该方法不但会成为研究缺陷敏感性的一个重要手段，还将可能被用于更加深入地研究结构非线性稳定特性。

3.1.2　一致缺陷模态法

　　一致缺陷模态法是指将理想结构的最低阶屈曲模态（一阶屈曲模态）作为结构的最不利初始几何缺陷分布，且结构的初始几何缺陷最大值服从均值为 0 的高斯分布[5]。该方法的理论依据是结构按一阶屈曲模态变形时势能最小，有沿该模态变形的趋势，当结构的缺陷分布形式为最低阶屈曲模态时，将对结构的稳定性产生最不利影响。利用一致缺陷模态法模拟结构初始几何缺陷时，首先要对结构进行特征屈曲分析，然后提取屈曲模态作为结构初始几何缺陷分布形式，继而进行弹塑性全过程分析。一致缺陷模态法认为由最低阶弹性屈曲模态确定的缺陷分布形式对网壳结构稳定承载力最为不利，是空间结构最可能发生的屈曲形式[6]。一致缺陷模态法的基本求解步骤为：（1）将得到的特征值屈曲模态或者非线性屈曲模态归一化；（2）按缺陷最大值乘以相应的放大系数，修改原始模型实现初始缺陷分布；（3）进行有限元非线性求解，得到结构的承载力。

　　缺陷是影响空间结构整体稳定性的主要因素，作为目前结构缺陷稳定分析中常用的典型方法，一致缺陷模态法具有计算量小的优点，在工程设计中应用广泛。该方法认为结构的最低阶临界点所对应的屈曲模态为结构的最低阶屈曲模态，结构按该模态变形将处于势能最小状态，所以对于实际结构来说，在加荷的最初阶段即有沿着该模态变形的趋势，如果结构的缺陷分布形式恰好与最低阶屈曲模态相吻合，这将对其受力性能产生最不利影响。一致缺陷模态法是用屈曲模态来模拟结构的最不利几何缺陷的分布形式，并修改理想结构模型，然后再对有缺陷的结构进行非线性稳定性分析，求出结构的临界荷载并认为该荷载就是结构的最小临界荷载。该法的关键是采用什么样的屈曲模态来模拟结构的最不利的几何缺陷分布形式。在应用中，有两种提取模态的方法：一种是采用最低阶特征值屈曲模态；另一种是采用屈曲模态的精确形式，即先求出理想结构的荷载位移全过程曲线，然后把屈曲前后两个邻近状态的位移之差作为屈曲模态。

　　一致缺陷模态法可以通过一次非线性计算就能求出结构的最小临界荷载，使计算量尽量少，这是它的显著优点。为了方便，在当前结构整体稳定性计算中一般采用一致缺陷模态法，而其他缺陷的施加方法由于不够便捷，所以一直处于研究状态，没有在实际结构的设计过程中得到推广应用。

　　然而，结构的初始安装误差受各种因素的影响，如施工程序、安装设备、测量技术、工人的熟练程度等。结构的安装误差是随机的，其大小及分布形式无法事先预测。因此，采用一致缺陷模态法对结构进行整体稳定性计算时，以结构的最低阶屈曲模态作为结构的初始几何缺陷分布形式，这种缺陷分布形式未必符合实际情况。同时，一致缺陷模态法希望通过一次计算即能够求出临界荷载的最小值，极大地降低结构的计算量，这是它的显著优点，然而一致缺陷模态法利用结构的最低阶反对称屈曲模态作为结构的初始几何缺陷分布形式，计算出的整体稳定系数可以安全、可靠地评估结构的稳定性能，但结构却存在设计过度的可能，在空间钢结构缺陷稳定分析中直接应用该法存在很大的局限性，即利用特征值屈曲模态求得的空间结构的临界荷载并不是该结构的最小临界荷载。

3.1.3　一致缺陷模态法的改进方法

　　目前工程上对结构进行缺陷稳定分析的主要方法是一致缺陷模态法，通常情况下，如果采用屈曲模态的精确形式来进行一致缺陷模态法的计算，则必须求出结构屈曲前后两个邻近状态的位移，即必须要跟踪到结构的后屈曲平衡路径。在目前软件所采用的跟踪方法中，主要的跟踪技术是球面弧长法，但在跟踪结构平衡路径的过程中这种方法可能有复根，而且当遇到两实根时，需要判别方向，从而会使平衡跟踪回退，也就是说该法不一定能够跟踪到结构的后屈曲平衡路径。这时就无法提取屈曲模态的精确形式，也就无法进行一致缺陷模态法的计算。

用屈曲模态来模拟结构最不利的几何缺陷分布存在困难，并且对于实际工程结构而言，设计人员常常关心结构的最低临界荷载，而结构的后屈曲平衡路径则显得没那么重要，因此衍生出了一种改进的一致缺陷模态法。通常情况下，改进的一致缺陷模态法只要通过两次非线性稳定计算就能获得结构的最小临界荷载，与随机缺陷模态法相比，计算量大大减少，与一致缺陷模态法相比具有较高的可靠度。

3.1.4 缺陷模态迭代解法

缺陷模态迭代解法是一种试算方法，它计算的极限承载力比一致缺陷模态法的计算结果低，证实了结构的最低阶屈曲模态并非最不利缺陷模态。缺陷模态迭代解法的原理和过程如下：在缺陷程度相同的情况下，后屈曲路径越陡，临界荷载越小；当缺陷模态与最陡的后屈曲路径一致时，临界荷载为全局最小。如果后一次计算中结构的缺陷方向与前一次计算中结构的后屈曲路径方向一致，所得临界荷载应小于前次计算的结果，并且依此可以构造迭代过程。

通常情况下，结构的初始缺陷程度不同，最后得到的最不利缺陷模态也不相同，并且用完善结构的最低阶屈曲模态作为最不利缺陷模态时，其临界荷载的计算结果只有在小缺陷情况下才能与采用模态迭代法计算的最低临界荷载接近。由于缺陷模态迭代法本身是一种试算法，无法比较严格地证明它找到的最不利缺陷就是结构实际的最不利缺陷，只能凭经验认为它所找到的同缺陷程度下的结构最低临界荷载与实际接近。

3.2 随机分析法

在工程设计中，随机缺陷方法能够较为真实地反映实际结构，与确定性方法相比较为科学，所求得的临界荷载结果更能客观地反映所设计结构的情况，但由于需对不同缺陷分布进行多次非线性计算，因此计算工作量比较大。这是随机缺陷法目前应用的最大障碍，但这种方法在理论研究上，可以对其他计算方法得到的计算结果进行分析与评定，且随着计算手段与计算方法的改进，计算工作量也可大幅降低。因此，为了能够较为真实地反映实际结构的工作性能，使缺陷的形式更加符合实际情况，做到设计不过度也不保守，下面就随机缺陷模态法在空间钢结构中的应用进行介绍。

3.2.1 随机初始缺陷分析

单层网壳结构的典型破坏形态为失稳破坏，其失稳模式和稳定承载力分析方法的研究十分重要。目前，基于非线性有限元理论的荷载-位移全过程分析法是研究网壳结构非线性平衡路径的主要分析方法。该方法的关键是平衡路径的跟踪求解，目前的主要方法包括人工弹簧法[7]、位移控制法[8]、弧长控制法[9]及自动增量求解技术[10]。初始缺陷对单层网壳结构的失稳模式和稳定承载力有显著影响[11,12]。对有初始缺陷网壳结构的稳定性分析，除基于连续化方法的拟壳法[13]外，目前应用较多的还有基于离散方法的解析法和数值计算法。在解析法研究方面，Koiter 提出了缺陷敏感性分析的渐进理论，Tompson、Budiansky 以及 Hutchinson 等发展了这一理论[14]。渐进法以分支点的微小邻域作为研究对象，难以直接应用于复杂结构[15]，因而数值计算方法开始发展起来，包括确定性方法和随机有限元方法。其中，忽略了缺陷随机性的确定性方法又包括优化方法[16]、临界缺陷模态法[17]、一致缺陷模态法[18,19]及其改进方法。优化方法不具有通用性，即需针对具体问题进行求解。临界缺陷模态法认为非完善结构的平衡路径可看作完善结构在缺陷作用下发生的微小扰动，因而难以分析位移较大的复杂结构。一致缺陷模态法认为最低阶屈曲模态是结构屈曲时的位移倾向，与结构屈曲模态相同的初始缺陷对结构产生不利影响，但是，目前尚没有相关研究成果或理论可以证明此说法，最低阶屈曲模态也可能不是最不利缺陷模态。关于初始缺陷随机性的研究相对较晚。赵惠麟[20]等运用 Monte Carlo 法对随机稳定承载力进行了研究，假设结构的初始缺陷服从正态分布，得到承载力的特征值，进而得到统计意义上的结构稳定承载力。黄斌等[21]采用随机缺陷模态法考虑节点缺陷的随机性，计算结果精度较高，但对多自由度复杂结构，随机变量为 3 倍节点个数，样本计算量大。文献［22］指出缺陷模态可看作是若干屈曲模态的耦合，对基于某一阶屈曲模态的缺陷网壳结构进行一致缺陷模态分析，定性得出缺陷的前 4 阶屈曲模态耦合系数，并未对缺陷模态耦合的随机性进行理论论证及数值分析。现有渐进法只适用于简单结构，难以应用于复杂工程中。而确定性方法由于忽略了缺陷的随机性，难以得出准确的结果，随机缺陷模态法及改进方法通常是基于 Monte Carlo 方法，样本计算量较大，工程应用受限。

为此，在线性屈曲分析的基础上，通过建立结构缺陷模态组合系数的概率模型，提出基于 Timeshenko 梁理论的网壳结构稳定性随机缺陷模态迭代法，采用 Monte Carlo 法对具有随机缺陷的结构进行稳定承载力分析，弥补了随机缺陷法及改进随机缺陷法[20]样本计算量大的缺点，给出设计临界荷载的可靠性问题，并进行了算例验证。

3.2.1.1　有缺陷网壳结构稳定性分析方程

离散化分析法包括半解析半离散和梁-柱单元理论[13,23]以及非线性有限元理论。下面推导建立含缺陷的空间 Timeshenko 单元的非线性增量平衡方程式。

取 Timeshenko 单元的横向位移 v、w 及转角 $\theta(x)$、$\theta(y)$ 为独立 3 节点 Lagrange 插值函数，可将位移表达为形函数与节点位移之积：

$$\int_v \delta\{\varepsilon\}^{\mathrm{T}}\{\sigma\}\mathrm{d}v - \delta\{a\}^{\mathrm{T}}\{p\} = 0 \tag{3-2-1}$$

再对 $\{\varepsilon\}$ 求变分，可得 $[K_{\mathrm{T}}^0]$ 的具体表达式。

假定结构节点位置缺陷为 $\{\Delta X\}$，则引入缺陷后结构的节点坐标为：

$$\{X\} = \{\Delta X\} + \{X_0\} \tag{3-2-2}$$

式中　$\{X_0\}$——$3n$ 维完善结构节点坐标向量（n 为结构节点数）；

　　　　$\{\Delta X\}$——$3n$ 维结构节点位置缺陷向量。

形成当前有缺陷结构节点坐标 $\{X\}$ 的切线刚度矩阵 $[K_{\mathrm{T}}]$，此时增量平衡方程变为：

$$[K_{\mathrm{T}}]\{\Delta a\} = \{Q\} - \{F\} \tag{3-2-3}$$

采用 Newton-Raphson 方法结合柱面弧长法，可求解方程（3-2-3），并可跟踪每个荷载增量下节点位移的增量，获得结构在整个荷载加载过程中的屈曲路径。

3.2.1.2 稳定分析的随机缺陷模态迭代法

首先，根据结构刚度矩阵 $[K]$，求解线性屈曲的特征值 λ_i（$i=1$，2，$\cdots$，m）和相应的屈曲模态 $\{U_i\}$，其中 m 是参与组合的模态阶数。

由于节点位置缺陷具有随机性，需考虑缺陷模式 $\{\Delta X\}$ 的随机性。为此，假定任一缺陷模式为：

$$\{\Delta X\}' = \sum_{i=1}^{m} (r_i \{U_i\}) \qquad (3\text{-}2\text{-}4)$$

式中　　　m——模态参与阶数；

r_1，r_2，$\cdots$，r_m——参与系数，是独立随机变量；

　　　　$\{U_i\}$——结构第 i 阶线性屈曲模态，且满足

$$\max(U_{i1}, U_{i2}, \cdots, U_{in}) = 1 \qquad (3\text{-}2\text{-}5)$$

式中　　n——结构节点数；

U_{in}——第 i 阶屈曲模态中第 n 节点的位移向量。

对 $\{\Delta X\}'$ 进行幅值调整，以获得幅值为 R 的缺陷模式向量 $\{\Delta X\}$：

$$\{\Delta X\} = R/\max(\Delta X_1', \Delta X_2', \cdots, \Delta X_n')\{\Delta X\}' \qquad (3\text{-}2\text{-}6)$$

式中　　$\Delta X_1'$——$\{\Delta X\}'$ 中的节点 1 的位移向量。

则根据式（3-2-1）可得有缺陷结构的节点坐标向量：

$$\{X\} = \{\Delta X\} + \{X_0\} \qquad (3\text{-}2\text{-}7)$$

由于 $\{\Delta X\}$ 为随机变量 r_i 的函数，则随机有限元刚度方程为：

$$[K_T]\{\Delta a\} = \{Q\} - \{F\} \qquad (3\text{-}2\text{-}8)$$

式中　　$[K_T]$、$\{\Delta a\}$、$\{F\}$——随机变量 r_i 的函数。

利用 Monte Carlo 随机抽样法，基于确定性非线性有限元分析求解随机有限元方程式（3-2-7）。建立随机向量 $\{r\}$ 的概率模型 $f(r:\theta)$，其中，$\{\theta\}$ 为参数向量。按照 $f(r:\theta)$ 的特点，进行第一次随机抽样，生成一组随机组合系数，即

$$\{r_{ij}\} = \{r_{1j}\}(i = 1, 2, \cdots, t; j = 1, 2, \cdots, m) \qquad (3\text{-}2\text{-}9)$$

式中，i、j 表示第 i 次抽样、第 j 个模态的随机组合系数；t 为总抽样次数。

将式（3-2-8）代入式（3-2-3），并根据式（3-2-4）～式（3-2-6）计算出有缺陷结构的节点坐标向量 $\{X\}$。根据 $\{X\}$，更新结构数学模型，进而更新随机有限元方程（3-2-7），然后通过求解该方程，获取结构在整个加载历史过程中每个增量步的结构切线刚度矩阵 $[K_T]$，计算

$$\mathrm{Det}([K_T]) = 0 \qquad (3\text{-}2\text{-}10)$$

式（3-2-10）第一次成立，即结构第一次达到临界状态时，获取外荷载因子 $\{q\}$ 和结构屈曲模态构型 $\{U_{s1}\}$。此时，结构的临界荷载因子 λ_{cl} 为：

$$\lambda_{cl}(1) = \{q\} \qquad (3\text{-}2\text{-}11)$$

结构的临界变形 $\{U_{cr}\}$

$$\{U_{cr}\}_1 = \{U_{s1}\} \qquad (3\text{-}2\text{-}12)$$

重复抽样和上述计算过程 t 次后，可得到 $\lambda_{cl}(t)$，则结构的最低临界屈曲荷载 λ_{cl} 为：

$$\lambda_{cl} = \min(\{\lambda_{cl}(i), i = 1, 2, \cdots, t\}) \tag{3-2-13}$$

3.2.2　算例分析

3.2.2.1　算例 1

对图 3-2-1 所示的经典算例——6 角扁网壳结构[23]进行算例分析。杆件离散为 Time-shenko 梁单元，其截面积为 $317mm^2$。节点编号如图 3-2-1 所示，周边为 3 向固定铰支座。材料的弹性模量 $E=3030MPa$，剪切模量为 $1.096 \times 10^3 MPa$。荷载 P 向下作用在顶点处。

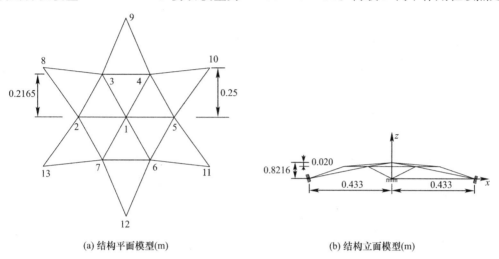

(a) 结构平面模型(m)　　　　　　　　　(b) 结构立面模型(m)

图 3-2-1　结构数值模型及节点编号

1. 理想无缺陷结构稳定性分析

理想无缺陷结构的前 10 阶线性屈曲系数如表 3-2-1 所示。由该表可知，前 3 阶屈曲系数比较接近，最低阶屈曲系数即临界荷载因子为 2.565。结构的最低阶屈曲模态 $\{U_1\}$ 如图 3-2-2 所示，由该图可知第一阶屈曲模态为顶点上凸和周边节点 3~7 下凹的失稳模式。

网壳结构的线性屈曲系数和屈曲模态　　　　　　　表 3-2-1

阶数	1	2	3	4	5	6	7	8	9	10
特征值	2.565	2.623	2.623	5.308	5.308	6.325	6.846	6.846	6.990	7.219
屈曲模态	$\{U_1\}$	$\{U_2\}$	$\{U_3\}$	$\{U_4\}$	$\{U_5\}$	$\{U_6\}$	$\{U_7\}$	$\{U_8\}$	$\{U_9\}$	$\{U_{10}\}$

对理想结构进行荷载-位移全过程非线性分析，节点 1 的荷载-位移全过程曲线如图 3-2-3 所示，结构的非线性临界荷载因子为 0.615，临界状态变形如图 3-2-4 所示，由该图可知，结构的失稳模态为顶点下凹引起的轴对称失稳模式。由此可见，荷载-位移全过程非线性分析法与线性分析法相比，计算出的屈曲临界荷载大大降低，且结构的失稳模式与真实荷载的作用效果更为符合。本研究采用荷载-位移全过程分析得出的临界荷载计算值和失稳模式与

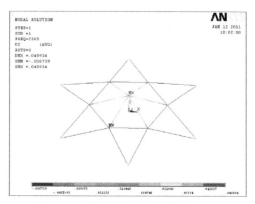

图 3-2-2　结构最低阶屈曲模态 $\{U_1\}$

J. L. Meek[25,26]采用同样方法的计算结果非常吻合，验证了本算例模型和荷载-位移全过程方法的正确性。

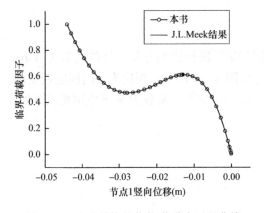

图 3-2-3　完善结构的荷载-位移全过程曲线

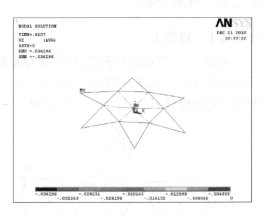

图 3-2-4　最不利缺陷结构的临界状态变形图

2. 随机初始缺陷分析

为了更好地考察 SIMSM 方法的性能，首先采用传统方法 SIMM（抽样 1000 次）和 CRIMM，考虑 0.002m 的初始缺陷，分别对图 3-2-1 所示的算例进行分析。根据图 3-2-5 给出的 CIMM 得到的结构荷载-位移全过程曲线，利用式（3-2-10），可判断出其非线性临界荷载因子为 0.500，按照式（3-2-10）可获得如图 3-2-9（b）所示的结构临界变形，由该图可知结构的失稳模态为顶点下凹、周边节点 3～7 上凸的模式。采用 SIMM，随机抽样 1000 次，得到图 3-2-6 所示的最不利缺陷分布下的荷载-位移全过程曲线，最小非线性临界荷载因子为 0.4855，利用式（3-2-12）计算出最低非线性临界荷载因子为 0.4543，按照式（3-2-10）可获得如图 3-2-9（c）所示结构临界变形，由该图知，结构的临界失稳状态呈现出顶点下凹而导致结构整体失稳的特征。

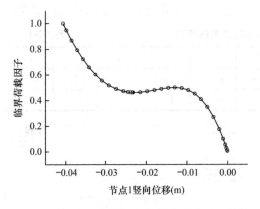

图 3-2-5　一致缺陷模态法荷载-位移全过程曲线

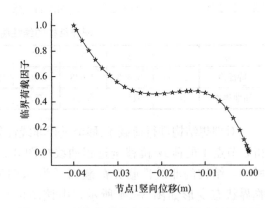

图 3-2-6　随机缺陷模态法荷载-位移全过程曲线

下面采用 SIMSM 方法对该缺陷结构进行分析。由于结构的前 3 阶线性屈曲系数较小，且很接近（表 3-2-1），根据 SIMSM 原理，可认为结构最不利缺陷模式主要是由前 3 阶屈曲模态 $\{U_1\}$、$\{U_2\}$、$\{U_3\}$ 的齐次组合而成的，其组合系数 r_1、r_2、r_3 为独立随机变量。

根据式（3-2-5）和式（3-2-6）可得到结构的缺陷分布模式 $\{\Delta X\}$，利用式（3-2-7）将 $\{\Delta X\}$ 引入结构。采用 Monte Carlo 方法抽样 1000 次，对每一次抽样进行荷载位移全过程分析。

前 4 次抽样所得的随机变量值和相应的非线性临界荷载因子如表 3-2-2 所示。由该表可知，不同的随机样本下，结构临界荷载因子不同，变异性较大。前 4 次抽样所获的结构荷载-位移曲线如图 3-2-7 所示，由该图可知结构失稳模式为点失稳，具有跳跃失稳的特征[27]。

前 4 次抽样中随机缺陷分布下的屈曲临界荷载因子　　　　表 3-2-2

抽样次数	r_1	r_2	r_3	cl
1	-0.8327	-0.6195	-0.7160	0.5239
2	-0.4557	-0.8967	0.7583	0.5700
3	0.0041	-0.9124	-0.5581	0.6115
4	0.4477	-0.1776	0.9068	0.6718

结构最不利缺陷分布下的结构荷载-位移曲线如图 3-2-8 所示，其中最小非线性临界荷载因子为 0.4363，此时结构的前 3 阶组合系数的比例为 $-4.0 : -1.0 : 1.5$。结构的临界失稳状态呈现出顶点下凹的整体失稳的特征，如图 3-2-9 所示。利用式（3-2-9）可确定结构临界荷载因子 $\lambda_{cl} = 0.3288$，其概率可靠度为 99.70%。比完善结构的非线性临界荷载因子降低 46.54%，比 CIMM 法的计算值降低 34.24%，此时 CIMM 所得临界荷载因子的概率可靠度为 92.13%，置信区间为 [0.0063, 0.0096]，置信水平 95.00%。SIMSM 法的临界荷载因子比 SIMM 法所得的数值小 27.63%，可得出 SIMM 法所获数值的可靠度为 90.07%，置信区间为 [0.0050, 0.0174]，置信水平 95%。各种方法计算的最低非线性临界荷载因子如图 3-2-10 所示。

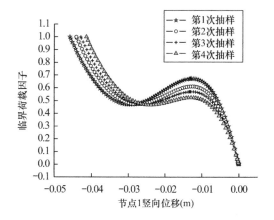

图 3-2-7　前 4 个样本的荷载-位移曲线

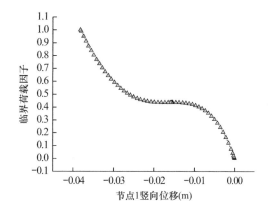

图 3-2-8　最不利缺陷结构的荷载-位移
全过程曲线

从上述分析可知，经典网壳算例的 SIMSM 法所获得的临界荷载值略低于 SIMM 法和 CIMM 法，但总体比较接近，因此 SIMSM 法是可行、有效的；与 CIMM 法和 SIMM 法所求的临界荷载值相比，SIMSM 法所求的临界荷载更为不利，且可靠度更高，因此对于实际工程应用，采用 SIMSM 法指导结构设计，更有利于安全、可靠地建造网壳结构。

3.2.2.2　最不利参与组合模态数

从计算精度角度，参与的组合模态数越多，最终计算的最低阶临界荷载值越精确；实际上，这将直接导致随机量增大，且需要增加抽样次数保证精度，计算量将大幅增加。因此，需要在计算精度和计算成本之间寻找到一个平衡点，即寻找到同样抽样次数下最不利参与组合模态数。

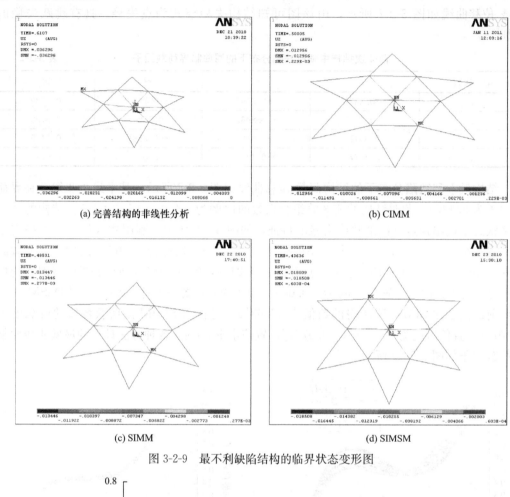

(a) 完善结构的非线性分析　　　　　　　　　　(b) CIMM

(c) SIMM　　　　　　　　　　　　　　　　(d) SIMSM

图 3-2-9　最不利缺陷结构的临界状态变形图

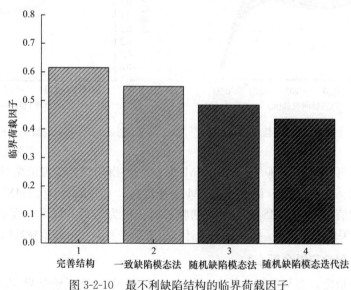

图 3-2-10　最不利缺陷结构的临界荷载因子

从表 3-2-3 和图 3-2-11 可以看出，最不利组合是前 2 个模态参与的组合，对应的临界荷载因子 0.4889 即为最不利临界荷载因子 λ_{cl}。

网壳结构的最低临界屈曲荷载因子　　　　　　　　表 3-2-3

	最低临界屈曲荷载因子					
参与组合阶数 M	1	2	3	4	6	10
抽样 1000 次	0.5000	0.488928	0.4900	0.4939	0.4953	0.5025
抽样 10000 次	0.5000	0.4860	0.4890	0.4892		0.4999
λ_{cl}	0.4889					
一致模态法	0.4855					

3.2.2.3　算例 2

1. 中跨度单层网壳数值模型

对图 3-2-12 所示的单层网壳结构进行算例分析。该结构跨度 31m，矢高 2.48m，杆件离散为 Timeshenko 梁单元，其截面积为 317mm²。材料的弹性模量 $E=3030$MPa，剪切模量为 1.096×10^3MPa。荷载 P 为 8kN，向下作用在顶点处。

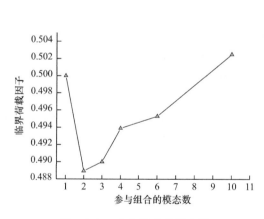

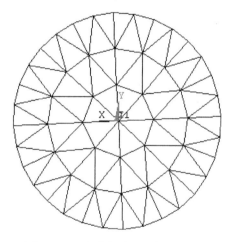

图 3-2-11　参与组合的模态数　　　　　　图 3-2-12　中跨度单层网壳数值模型

2. CRIMM 方法分析

采用 CRIMM 方法，考虑 0.107m 的初始缺陷，对图 3-2-12 所示的算例进行分析。根据图 3-2-13 给出的 CIMM 法得到的结构荷载-位移全过程曲线，利用式（3-2-9），可判断出其非线性临界荷载因子为 0.654，按照式（3-2-10）可获得如图 3-2-14 所示的结构临界变形，由该图可知结构的失稳模态为顶点下凹、次外环节点上凸的模式。

3. SIMSM 方法分析

采用 SIMSM 方法对该缺陷结构进行分析。由于结构的前 3 阶线性屈曲系数较小，且很接近（表 3-2-4），根据 SIMSM 法原理，可认为结构最不利缺陷模式主要是由前 3 阶屈曲模态 $\{U_1\}$、$\{U_2\}$、$\{U_3\}$ 的齐次组合而成的，其组合系数 r_1、r_2、r_3 为独立随机变量。

根据式（3-2-5）和式（3-2-6）可得到结构的缺陷分布模式 $\{\Delta X\}$，利用式（3-2-7）将 $\{\Delta X\}$ 引入结构。采用 Monte Carlo 方法抽样 1000 次，对每一次抽样进行荷载-位移全过程分析。

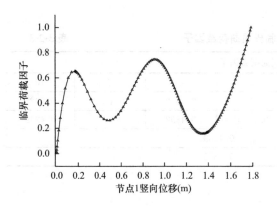

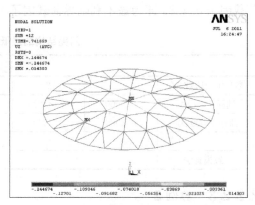

图 3-2-13　一致缺陷模态法荷载-位移　　　图 3-2-14　CRIMM 法最不利缺陷结构
　　　　　　　全过程曲线　　　　　　　　　　　　　　　的临界状态变形图

网壳结构的线性屈曲系数和屈曲模态　　　　　　　　表 3-2-4

阶数	1	2	3	4	5	6	7	8	9	10
特征值	1.0800	1.3224	1.3224	1.7571	3.9698	4.7779	4.7779	4.7991	4.7991	5.3757
屈曲模态	$\{U_1\}$	$\{U_2\}$	$\{U_3\}$	$\{U_4\}$	$\{U_5\}$	$\{U_6\}$	$\{U_7\}$	$\{U_8\}$	$\{U_9\}$	$\{U_{10}\}$

结构最不利缺陷分布下的结构荷载-位移曲线如图 3-2-15 所示，其中最小非线性临界荷载因子为 0.3158，此时结构的前 3 阶组合系数的比例为 $-1.0:0.01:0.25$。结构的临界失稳状态呈现出顶点下凹的整体失稳的特征，如图 3-2-16 所示。利用式（3-2-10）可确定结构临界荷载因子 $\lambda_d = 0.2988$，其概率可靠度为 99.70%。

SIMSM 法所得值比 CIMM 法的计算值降低 34.24%，此时 CIMM 法所得的临界荷载因子的概率可靠度为 92.13%，置信区间为 [0.0063，0.0096]，置信水平 95.00%。

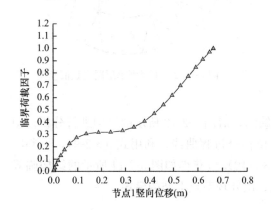

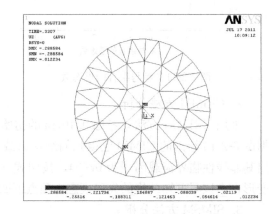

图 3-2-15　最不利缺陷结构的荷载-位移曲线　　　图 3-2-16　最不利缺陷结构的临界状态变形图

3.2.2.4　算例 3

1. 中跨度弦支穹顶数值模型

图 3-2-17 所示的弦支穹顶结构的跨度为 32m，矢高为 2.48m。其上部网壳结构几何和杆件与算例 2 相同。下部索系设一道环索，预应力设计值为 25kN，中心点起拱值为

15.7mm。

2. CRIMM 方法分析

采用 CRIMM 方法，考虑 0.107m 的初始缺陷，对图 3-2-17 所示的算例进行分析。根据图 3-2-18 给出的 CIMM 法得到的结构荷载-位移全过程曲线，利用式（3-2-10），可判断出其非线性临界荷载因子为 0.4443，按照式（3-2-10）可获得如图 3-2-19 所示的结构临界变形，由该图可知结构的失稳模态为顶点下凹、次外环节点上凸的模式。

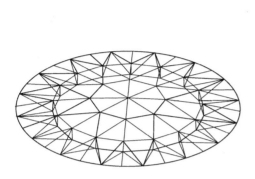

图 3-2-17　弦支穹顶结构数值模型

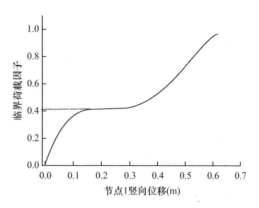

图 3-2-18　一致缺陷模态法荷载-位移全过程曲线

3. SIMSM 方法分析

采用 SIMSM 方法对该缺陷结构进行分析。由于结构的前 3 阶线性屈曲系数较小，且很接近（表 3-2-5），根据 SIMSM 法原理，可认为结构最不利缺陷模式主要是由前 3 阶屈曲模态 $\{U_1\}$、$\{U_2\}$、$\{U_3\}$ 的齐次组合而成的，其组合系数 r_1、r_2、r_3 为独立随机变量。

根据式（3-2-5）和式（3-2-6）可得到结构的缺陷分布模式 $\{\Delta X\}$，利用式（3-2-8）将 $\{\Delta X\}$ 引入结构。采用 Monte Carlo 方法抽样 1000 次，对每一次抽样进行荷载位移全过程分析。

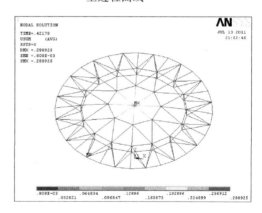

图 3-2-19　CRIMM 法最不利缺陷结构临界状态变形

网壳结构的线性屈曲系数和屈曲模态　　　　　表 3-2-5

阶数	1	2	3	4	5	6	7	8	9	10
特征值	1.0803	1.3256	1.3256	1.7499	4.1412	4.8919	4.8919	4.9086	4.9086	5.4933
屈曲模态	$\{U_1\}$	$\{U_2\}$	$\{U_3\}$	$\{U_4\}$	$\{U_5\}$	$\{U_6\}$	$\{U_7\}$	$\{U_8\}$	$\{U_9\}$	$\{U_{10}\}$

结构最不利缺陷分布下的结构荷载-位移曲线如图 3-2-20 所示，其中最小非线性临界荷载因子为 0.4418，此时结构的前 3 阶组合系数的比例为 -1.0：0.9443：0.7372。结构的临界失稳状态呈现出顶点下凹的整体失稳的特征，如图 3-2-21 所示。利用式（2-3-9）可确定结构临界荷载因子 $\lambda_{cl}=0.3476$，其概率可靠度为 99.70%。

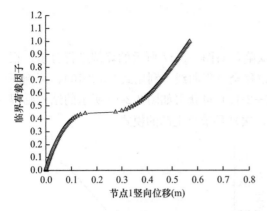

图 3-2-20　最不利缺陷结构的荷载-位移曲线

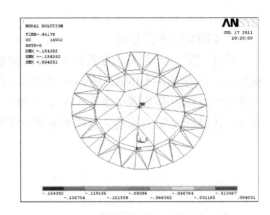

图 2-3-21　SIMSM 法最不利缺陷结构
临界状态变形

SIMSM 法所得值比 CIMM 法的计算值降低 21.76%，此时 CIMM 法所得的临界荷载因子的概率可靠度为 91.13%。

3.2.3　结论

基于 Timeshenko 梁理论，结合随机缺陷理论，建立了网壳结构稳定性分析的随机缺陷模态迭代法。采用随机缺陷模态迭代法对 6 角扁网壳结构进行了算例分析，并与线性屈曲分析、一致缺陷模态法和随机缺陷模态法的非线性计算结果进行对比，计算结果表明：

（1）采用随机缺陷模态迭代法寻找的最不利临界荷载最低，而线性屈曲分析法、一致缺陷模态法和随机缺陷模态法计算出的最低临界荷载均有更高的失效概率；

（2）最不利缺陷模态的组合系数比例为 4.0：−1.0：1.5，可见最低阶模态参与系数较高，较低阶参与系数较低，且有可能是模态反向参与；

（3）研究发现，最不利临界荷载下，结构呈现顶点下凹的点失稳的特征。

因此，算例分析表明，随机模态迭代法可求解结构最不利缺陷临界荷载和失稳模式，且验证了该法的正确性和可行性，可为工程应用提供较准确安全的设计荷载，并具有一定的普适性。

参考文献

[1]　郭海山，沈世钊. 单层网壳结构动力稳定性分析方法 [J]. 建筑结构学报，2003，24（3）：1-9.

[2]　沈世钊. 网壳结构的稳定性 [J]. 土木工程学报，1999，32（6）：11-19.

[3]　李永梅，胡琨，张微敬. 考虑损伤累积效应的单层球面网壳动力稳定 [J]. 湖南大学学报：自然科学版，2014，41（6）：16-21.

[4]　敖鸿斐. 临界缺陷模态法在网壳缺陷敏感性分析中的应用 [D]. 上海：同济大学. 2005.

[5]　刘齐齐. 单层网壳初始缺陷及凯威特葵花单层球壳结构的非线性稳定分析 [D]. 广州：华南理工大学，2015.

[6]　唐敢，尹凌峰，赵惠麟，郭小明. 空间异型双曲面钢屋盖缺陷稳定性分析及试验研究 [J]. 应用力学学报，2011，28（04）：427-433＋456.

[7]　P. Sharifi, E. P. Popov, Nonlinear buckling analysis of sandwich arches [J]. ASCE, j. Engng.

1971，97：1397-1412.

[8] J. L. Batoz，G. S. Dhatt. Incremental displacement algorithms for nonlinear problems [J]. Int. J. Num. Engng.，1981，17：1455 - 1467.

[9] B. W. R. Eorde，S. F. Stiemer. Improved arc length orthogonality method for non-linear finite element analysis [J]. Compt. struct. 1987，27 (5)：625-630.

[10] K. J. Bathem D. N. Dvorkin. On the automatic solution of nonlinear finite element equations [J]. Comput. Stuct.，1983，17 (5/6)：871-879.

[11] H. Rothert，T. Dickel，Snap-through buckling of reticulated space trusses [J]. ASCE (1)，1981：129-143.

[12] S. A. Saafan. Nonlinear behavior of structural plane frames [J]. ASCE，1963，109 (4)：557-579.

[13] 董石麟，詹伟东. 单双层球面扁网壳连续化方法非线性稳定理论临界荷载的确定 [J]. 工程力学，2004，21 (3)：6-14.

[14] Kiyohiro Okeda，Makoto Ohsaki. Generalized sensitivity and probability and analysis of bucking loads of structures [J]. International Journal of Non-linear Mechanics，2007，42 (5)：733-743.

[15] 黄宝宗，任文敏. Koiter 稳定理论及其应用 [J]. 力学进展，1987，17 (1)：30-31.

[16] Makoto Ohsaki，Kiyohiro Ikeda. Stability and Optimization of Structures-Generalized Sensitivity Analysis [M]. Springer Science Business Media，LLC，2007，47-50，183-191，194-195.

[17] 敖鸿斐. 临界缺陷模态法在网壳缺陷敏感性分析中的应用 [D]. 上海：同济大学，2005.

[18] 曹正罡，范峰沈，沈世钊. 单层球面网壳的弹塑性稳定性 [J]. 土木工程学报，2006，39 (10)：6-10.

[19] 李元齐，沈祖炎. 大跨度拱支网壳结构体系及静力性能研究 [J]. 浙江大学学报，2001，35 (6)：645-650.

[20] 唐敢，赵惠麟，赵才其，等. 板片空间结构缺陷稳定分析及试验研究 [J]. 土木工程学报，2008，41 (8)：15-21.

[21] 黄斌，樊亭. 带随机安装缺陷网壳结构的非线性分析. 中国科技论文在线，2008.

[22] 罗昱. 改进的一致缺陷模态法在单层网壳稳定分析中的应用研究 [D]. 天津：天津大学，2007.

[23] C. Oran，Tangent stiffness in space frames. ASCE，1973，99 (6)：987-1001.

[24] 王勖成，劭敏. 有限单元法基本原理和数值方法 [M]. 北京：清华大学出版社，1996.

[25] 罗永峰. 网壳结构弹塑性稳定及承载力全过程研究 [D]. 上海：同济大学，1991.

[26] J. L. Meek，H. S. Tan，Geometrically nonlinear analysis of space-frames by an incremental iterative technique [J]. Comput. Meth. Apll. Mech. Engng.，1984，47：261-282.

[27] Gioncu V. Buckling of reticulated shells：State-of-the-art [J]. International Journal of Space Structures，1995，10 (1)：1-46.

第4章 空间钢结构施工阶段的力学性能

自日本学者 M. Kawaguchi 等人提出弦支穹顶结构（Suspended Dome Structure）概念后，国内外学者对其进行了较系统的研究，包括静力分析、稳定性分析、动力分析、试验研究等。但针对该结构的理论分析方法还少有涉及。虽然目前数值方法（如有限元法）是结构分析的有力工具，无论是精度还是效率均表现出优越性，但其结果无法得出具有通用性的结论或理论意义不够明确。

针对弦支穹顶结构，目前相关文献还未提出类似理论分析方法。鉴于此，本章基于能量原理对弦支穹顶结构进行理论分析，探究拉索预应力与上部单层网壳位移之间的关系。在此基础上，提出一种新的弦支穹顶结构找形分析方法——基于预应力水平的分布更新法。

根据弦支穹顶结构的施工过程，将其受力状态分为三种：零状态，初始态，荷载态。

（1）零状态是指结构的放样态，是拉索张拉前结构的平衡状态，即无预应力作用、无自重的状态。零状态是工厂加工结构构件的重要依据。

（2）初始态是所有拉索张拉完毕后结构的平衡状态，即承受自重和预应力共同作用的状态。

（3）荷载态是结构在初始态的基础上承受外荷载作用的平衡状态。

弦支穹顶结构一般给定的是初始态的几何参数，若不进行找形分析的情况下，以初始态几何作为零状态进行构件的加工放样，当预应力张拉完毕之后，结构形状与节点位置必将发生偏差，从而不能满足建筑设计的要求。因此，进行零状态找形分析，保证在自重和预应力的作用下，结构形状和预应力达到设计要求，这是零状态定义的出发点。

在此基础上进行后续的荷载态分析，由此得到的结果更加准确、可信。因此这三种受力状态密不可分，设计过程中应针对这三种状态的区别与联系进行综合研究。

由于在结构中引入预应力钢索，弦支穹顶结构的几何位形、构件内力和整体刚度与结构的预应力状态密切相关。相对传统结构而言，弦支穹顶结构设计和施工具有更强的相互依赖性，这体现在：一方面，结构分析必须考虑施工的影响，由于施工阶段的力学性能和使用阶段不尽相同，可能出现比使用阶段更为不利的受力状态，在弦支穹顶结构设计阶段的结构分析中，要进行各个施工阶段结构的受力分析，并且在这些分析中要恰当考虑施工工艺对结构受力的影响；另一方面，施工过程宜结合结构分析，施工中的疏忽有可能导致弦支穹顶结构的几何位形不能满足建筑要求或削弱整体结构的力学性能，有必要对正在施工中的实际结构进行受力分析。因此，为完善弦支穹顶结构的设计和施工，应将弦支穹顶结构的施工阶段作为一个独立的过程进行详细分析，了解弦支穹顶结构在不同预应力状态下的受力性能。

张拉全过程分析和施工找形分析是弦支穹顶结构施工阶段分析的主要内容，张拉全过程分析是探索随着预拉力增长准结构力学性能的发展趋势，施工找形分析则是由结构的建筑几何确定预拉力和放样位形。本章分析张拉过程弦支穹顶结构受力机理的变化，针对弦支穹顶结构施工找形分析的特点，指出弦支穹顶结构施工找形分析的本质，并提出了更加合理的施工找形分析方法。

4.1 弦支穹顶结构施工阶段分析方法

施工阶段弦支穹顶结构的受力状态与施工工艺是密切相关的，进行弦支穹顶结构施工阶段的力学分析，有必要全面了解现有可行的施工工艺，并根据不同的施工参数进行分类，以便在理论分析中合理地引入这些施工参数。

4.1.1 实际工程中弦支穹顶结构的施工工艺

弦支穹顶结构在日本应用较多，20 世纪 90 年代即建造了诸如光丘穹顶和聚会穹顶等几座以弦支穹顶结构为主要受力结构的场馆建筑。继国内第一座弦支穹顶结构——天津保税区商务交流中心大厅之后，中国也兴建了几座跨度较大的弦支穹顶结构，如 2008 年北京奥运会羽毛球馆[1]、常州体育馆（长轴 114.08m，短轴 76.04m，矢高 21.08m）[2,3]，武汉体育馆（长轴方向总长 165m，短轴方向总长 145m）[4-8]，安徽大学磬苑校区体育馆[9]，济南奥体中心体育馆[10]以及拟建的连云港体育馆[11]等。

施工工艺来源于工程实践，根据收集到的实际弦支穹顶结构的施工资料，并对这些施工资料进行归类分析，认为采用施工顺序、预拉力施加方式、临时支撑系统和张拉方式（张拉顺序和批次）四个参数基本上可以概括一个弦支穹顶结构的施工工艺，表 4-1-1 列出了实际工程中弦支穹顶结构的施工工艺。

实际工程中弦支穹顶结构的施工工艺　　　　　　表 4-1-1

工程名称	施工顺序	预拉力施加方式	临时支撑系统	张拉方式
天津保税区商务交流中心大厅[12,13]	在设计位置上拼装，然后施加预应力	张拉环向索法	满堂脚手架	一次张拉
天津博物馆贵宾厅屋顶[14]	在设计位置上拼装，然后施加预应力	（实际施工中将索换成了刚性杆）	—	—
北京奥运会羽毛球馆[15-17]	在设计位置上拼装，然后施加预应力	张拉环向索法（径向为拉杆）	满堂脚手架	分级逐环（超张拉到110%）
常州体育馆[18]	单层网壳在设计位置上焊接完成，然后施加预应力	—	满堂脚手架	同一环同步分级
武汉体育馆[4,8]	中部区域采用顶升和四周悬拼安装，然后施加预应力	撑杆调节法	临时台架	从外而内，同一环撑杆，同步一次顶撑到位
昆明柏联广场屋顶[19]	—	张拉钢索法	无	一次张拉
安徽大学磬苑校区体育馆[9]	在承台上张拉，然后提升至设计位置	张拉钢索法	临时台架	一次张拉

由表 4-1-1 可以总结出，目前弦支穹顶结构常用的预应力施加方法主要有三种，即张拉环索法、张拉径向索法及撑杆调节法。

从表 4-1-1 可以看出，大跨度弦支穹顶结构的施工工艺可以通过 4 个施工参数来体现：施工顺序、预拉力施加方式、临时支撑系统及预拉力张拉方式（顺序和批次）。

（1）施工顺序

施工顺序可以分为杆件拼装、结构张拉和结构吊装（或顶升）或拆除临时支撑结构，其中第三步在某些施工工艺中可能不需要。

传统结构的施工顺序是直接在结构的设计位置处拼装上层构件，然后进行预应力张拉，比如常州体育馆[18]按上部单层网壳曲面形状搭成台阶状，满铺脚手架，并在脚手架上用小型可调支承架支承网壳，采用散装法进行网壳拼装，而后进行预应力张拉。这种施工顺序的优点是易于控制节点坐标，吊装简单，无需大吨位的起吊设备。然而对于大跨度结构，传统的施工顺序的缺点就凸显出来：弦支穹顶结构常用于屋盖系统中，结构标高较高，构件定位、拼装、结构张拉均必须在高空作业，且高空焊接量较大，不容易保证焊接质量；结构未成形前刚度较小，结构张拉前虽然可以作为独立的结构支承在周边支座上，但是结构的刚度还达不到设计状态的刚度。采用传统施工方法时，在施工期间为安全和施工的方便常常采用满堂脚手架系统，脚手架数量大，费用较高，而拉索穿行在网壳下部，满堂脚手架给拉索的布置和张拉带来更高的要求和不必要的麻烦。

传统施工顺序的缺陷催促人们开始关注、研究新的施工顺序，期待将其应用于弦支穹顶结构的施工中，目前新的施工顺序及方法有：地面拼装网壳→吊装网壳并定位→结构张拉；地面拼装网壳→临时支架系统上完成结构张拉→结构吊装或顶升并定位。前者的网壳拼装、焊接在地面进行，大大减少了高空作业量，后者则完全避免了传统施工顺序的缺陷，但对吊装或顶升设备和技术要求更高，而且吊装中的结构受力也必须作为一种工况来计算。

实际上，这几种方法可以组合使用，因地制宜，在同一个结构的施工中，可以用到其中一种或两种。翁雁麟[20]提出一种因地制宜的方法，利用场馆内部看台搭设脚手架，将网壳边缘部分按传统的满堂安装法进行拼装，中间部分在比赛场内焊接拼装，用整体提升的方法，完成单层网壳结构的安装。此方案的优点是大量焊接工作在地面进行，易于控制焊接质量，并且脚手架用量少；缺点是技术要求较高。另外，还可将单层网壳在地面分块焊接拼装，通过高空吊装完成单层网壳结构的安装，其中分块大小由吊装能力确定。此方案的优点是在地面进行大部分焊接工作，容易控制焊接质量。

分层张拉成形法[17]是先安装单层网壳的最下层，对其进行张拉，使之成为一个独立的结构，然后以做好的这一层网壳为工作面进行下一层网壳的施工，以后每一层的施工都可以在前一层的基础上进行。

由上可见，无论具体的施工过程是怎样的，网壳拼装、结构吊装或顶升和结构张拉这三项施工工作可作为概括弦支穹顶结构施工过程的主要阶段。

（2）预拉力施加方式和方法

根据预应力施加的对象，可将预应力施加方式分为三大类：张拉环向索、张拉径向索、顶升撑杆。

1）环向索张拉法

对环向索施加预应力使其环向伸长。因环向索力相对于径向索力和撑杆轴力大许多，因此张拉吨位将很大，操作难度较高，张拉过程中索力相对不易控制和调整。

2）径向索张拉法

调整好环向索长度和撑杆长度，直接张拉径向索建立预应力。一般径向索索力大小适中，拉索伸长量较小，因此对张拉装置要求不高。但是径向索一般数量多，若每环同步张拉，所需张拉设备、操作人员较多；若受张拉设备数量的限制，采用拉索对称循环张拉与调整，则工作量较大，工期难以确保，且最终索力不易控制。

3）撑杆顶升法

该方法是通过调节撑杆长度达到间接建立预应力的目的，图 4-1-1 撑杆顶升法给出了该方法的示意图。撑杆轴力一般远小于环向索和径向索力。因此该方法对张拉装置吨位的要求较低，且每环撑杆数量有限，同一环中相邻的撑杆轴力差别不大，易于分区控制，各环可同步施加预应力，利于结构受力成形，且能缩短工期。但是该方法要求预先精确定出拉索索长，即通过计算机虚拟张拉分析，并根据现场钢结构安装误差，确定拉索初始长度，要做到预控在先，技术难度较高。

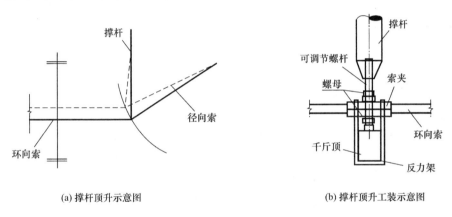

(a) 撑杆顶升示意图　　　　　　　　　　(b) 撑杆顶升工装示意图

图 4-1-1　撑杆顶升法

在实际施工中，采用何种方式对弦支穹顶结构施加预应力，需要根据施工条件和结构条件具体分析。需要指出的是，对于上述第 1）种和第 2）种施加预应力的方法，张拉顺序的不同将影响索预应力重分布以及索预应力的损失。因此，索张拉顺序的确定、预应力的重分布和索力的补偿问题，在施工分析中都需要仔细考虑。

对预应力结构的拉索施加预拉力的方法多种多样，以张弦梁结构为例，常用的有三种[21]：花篮螺栓调节法［图 4-1-2（a）］、张拉钢索法［图 4-1-2（b）］和支承卸除法［图 4-1-2（c）］。

花篮螺栓调节法是通过调节索在两个固定点间的长度来施加预拉力，一般只用于小模型的张弦梁结构施加预拉力。浦东国际机场候机楼张弦梁结构小比例模型试验中即采用此方法施加预拉力。

张拉钢索法是通过锚具和千斤顶直接张拉钢索以施加预拉力，一般有两端张拉和一端张拉两种方法。两端张拉可以使预拉力沿索长的分布相对均匀，适用于跨度较大的结构。浦东国际机场候机楼和广州国际会展中心的张弦梁屋盖均是采用两端张拉来施加预拉力。

支承卸除法是利用结构自重或附加在结构上的配重来施加预拉力。在结构安装后卸除支承，由于刚性结构的变形，将部分结构自重和配重传递给撑杆，通过撑杆对索施加预拉力。单独采用支承卸除法来施加预拉力时必须预先对刚性构件起拱。

索内预拉力的施加方法应根据结构特点、张拉机具、锚具特点和吊装能力等综合确定，必要时可以采用不同方法的组合方式施加预拉力。弦支穹顶结构作为空间预应力结构，采用支承卸除法是不方便的，而且不易控制位形；花篮螺栓调节法适用于跨度较小和预应力水平不大的情况下，在实践中大跨度弦支穹顶结构较多地采用张拉钢索法，比如2008年北京奥运会羽毛球馆等工程均是采用张拉钢索法。

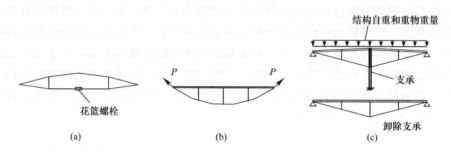

图 4-1-2 索内预拉力的施加方法

（3）临时支架系统

临时支架系统在大跨度空间结构中应用较多，其形式和种类也多种多样。大跨度弦支穹顶结构由于成形前结构的弱刚性，施工中常要设置临时支架系统。临时支架系统有满堂脚手架、临时台架和临时支撑等类型。施工中采用的临时支架系统类型因不同施工工艺而各不相同。在结构的设计位置拼装构件要求沿结构水平面投影范围设置满堂脚手架；采用顶升设备提升已成形结构到设计位置，则要求设置临时台架作为顶升操作平台；在地面进行安装和张拉则要求沿结构水平面投影范围设置若干副临时支架。

（4）张拉方式

弦支穹顶结构张拉方式的内容主要有张拉顺序和张拉批次两个方面。下面分别从这两个方面阐述弦支穹顶结构的预应力张拉方式。

弦支穹顶结构一般不止一圈环索和径向索，而是有若干圈环索和径向索。不论张拉方式选择径向索张拉法，还是环索张拉法，都面临着张拉顺序的选择。一般来说，外圈环索对结构的刚度和变形有重要影响，在选择环索张拉法时，一般选择由外而内的张拉顺序，采用径向索张拉法时，因为径向索索力均较小，从内向外或反之均可。

由前文可知，采用张拉预应力索对弦支穹顶施加预应力时，拉索可在弦支穹顶各构件装配在结构支座处后张拉，也可以在临时支架上进行张拉，张拉完毕后再提升并滑移至结构支座处。如采用在设计位置处装配弦支穹顶结构，则每一环环索或径向索可以采取一次张拉到位，也可分几级张拉到位。一次张拉到位不用反复调整索力，可节省时间和人力，但是如果采取张拉环索的张拉方式，索力一般较大，一次性张拉不易控制结构位形，对弦支穹顶结构再次张拉可以调整结构几何位形方面的施工误差，提高施工质量。尤其是对于在地面临时支架上张拉的弦支穹顶结构，考虑到弦支穹顶结构整体刚度形成后的几何非线性和屋面荷载尚未施加等因素，若在临时支架上将全部预拉力一次施加上去，可能导致结构变形太大，最终无法获得理想的几何位形。

4.1.2　分析内容

作为刚性构件和柔性构件的组合体，弦支穹顶结构的施工过程与传统刚性结构并非完全相同，结构在不同阶段的受力特点也是独特的。弦支穹顶结构施工阶段的分析内容应根据结构本身的施工特点来制定。

弦支穹顶结构施工阶段的任务是根据施工图建造满足建筑位形和使用功能的结构，一般包含以下几项工作：

（1）施工放样；

（2）构件拼装；

（3）结构张拉；

（4）如果采用地面或临时胎架安装，还应包括结构提升和定位。

实际上，对于不同的施工方案，施工阶段的工作内容和各阶段的成果也会有所不同。施工阶段结构分析的内容也相应包括找形分析、张拉过程分析和提升过程分析。其中找形分析和张拉过程分析与其他结构不同，而提升过程分析与其他结构基本类似，因此本章中施工阶段结构分析内容只涉及前二者，即找形分析和张拉过程分析。

文献［17］定义了三个状态来描述索和膜结构的不同状态：

（1）零状态，此时结构是加工放样后的索段和构件集合体；

（2）初始状态，指结构仅在预应力和自重作用下的自平衡状态；

（3）工作状态，指结构在外部效应作用下所达到的平衡状态，如图 4-1-3 所示。

弦支穹顶结构的零状态对应的几何参数就是工厂加工制作构件的依据，该状态对应结构张拉过程的起点；初始状态对应结构张拉过程的终点，其中的结构自重包含弦支穹顶自重和附加在结构上的其他恒载。必须指出的是，当附加在弦支穹顶结构上的其他恒载较大时，可能引起较大的结构变形，即在不同荷载条件下张拉，弦支穹顶结构的初始状态几何可能不同。图 4-1-4 表示不同施工顺序时的两种初始状态几何，实线表示弦支穹顶在临时支架上张拉后再安装其他屋面结构（如屋架支承、檩条和屋面板等）所对应的初始状态几何，张拉时作用在结构上的荷载仅为弦支穹顶自重；虚线表示弦支穹顶在其他屋面结构安装完毕后进行张拉所对应的初始状态几何，张拉时作用在结构上的荷载为结构自重和其他屋面自重 q。因此在张拉过程分析和找形分析中应确定恰当的初始状态几何。

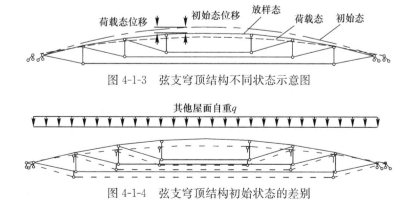

图 4-1-3　弦支穹顶结构不同状态示意图

图 4-1-4　弦支穹顶结构初始状态的差别

依据上述结构状态的划分，弦支穹顶结构张拉过程分析就是追踪从放样状态到初始状态结构内力、刚度和变形等力学性能的发展趋势；找形分析则是由结构的初始状态几何确定结构初始状态构件内力和放样几何，即确定预拉力和放样位形。

4.1.3　数值模拟

弦支穹顶结构的张拉过程是预拉力逐渐增加使刚性构件、撑杆和索形成整体结构并达到结构所需位形的过程。在张拉过程中，弦支穹顶结构的几何、构成、预应力状态和边界约束是不断改变的。根据实际结构的张拉特点模拟弦支穹顶结构的张拉过程是实现张拉阶段结构分析的主要手段之一。本节以在原设计标高位置采用临时支撑系统张拉的弦支穹顶结构为例，讨论弦支穹顶结构张拉过程的数值模拟。

4.1.3.1　弦支穹顶结构张拉过程的受力机理

对如图 4-1-5（a）所示的弦支穹顶结构，其张拉过程及各阶段的受力特点如下：

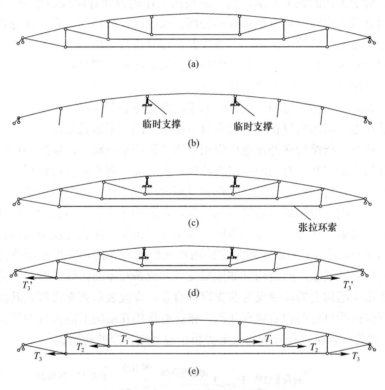

图 4-1-5　弦支穹顶结构的张拉全过程剖视示意图

（1）安装单层网壳与撑杆，并在网壳投影平面内适当位置设置临时支架，如图 4-1-5（b）所示，此时单层网壳支承在支座和临时支撑上，撑杆自由悬挂在单层网壳上。

（2）根据索段的放样长度，牵引索并将索与撑杆相连，如图 4-1-5（c）所示，单层网壳、撑杆和索已连成一体，支承在支座和临时支撑上；各构件只承受自重作用。

（3）在每段环索两端张拉钢索，可以由内环向外环，也可采用本图所示的由外而内的张拉方式。单层网壳尚未脱离临时支架，如图 4-1-5（d）（图中为了说明的便利，将索力的方向表示为水平），第 1 环径向索已经开始被动张拉，相应的撑杆开始随动受力，各构件受力与阶段（2）有了明显的不同，除了自重荷载外，又产生了由第 1 环环索预应力逐渐施加引起的内力重分布。但其他各环相应的构件则仍保持阶段（2）的状态。目前第 1 环环索张拉段还承受千斤顶的拉力 T_3'。

（4）继续张拉环索，直到张拉到目标值 T_3，单层网壳不断起拱，结构的位形不断改变，并可能部分或全部脱离临时支架；然后将其他两环索张拉到位，分别达到设计值 T_1、T_2，如图 4-1-5（e）所示。此时，单层网壳、撑杆和索成为一个整体支承在支座上。

（5）若有部分临时支撑在阶段（4）张拉结束时没有完全脱离，则需要对其进行后续的临时支撑卸载工作，以保证结构达到预期的设计状态。

在阶段（1），可把单层网壳和临时支架作为一个结构进行分析，由于尚未引入钢索，不必将其归入张拉过程；阶段（2）和（3）可以合并为一个阶段，只是在阶段（2）张拉力较小而已；结构在阶段（4）和（5）的几何和边界约束均不同于阶段（3）。因此，弦支穹顶结构的张拉过程模拟重点是模拟阶段（3）和阶段（4），并根据具体的结构施工过程，在阶段（5）可能发生的情况下，模拟阶段（5）。

4.1.3.2 弦支穹顶结构张拉全过程的数值模拟

弦支穹顶结构张拉过程具有如下特点：

（1）弦支穹顶结构的几何形状、边界约束和受力状态是不断变化的；

（2）采用不同的工艺会导致结构的受力状态变化有较大差异，如使用分层组装张拉法和上层网壳吊装至设计位置后张拉，两种施工工艺结构的受力状态变化是完全不同的，或者同样是上层网壳吊装至设计位置，张拉顺序或张拉方法不同也可以形成完全不同的受力状态。

因此弦支穹顶结构张拉全过程数值模拟必须满足：数值模型能够如实反映随张拉力增加引起的结构位形、受力和边界约束条件的变化；数值模型能够如实考虑不同施工工艺及施工误差或缺陷的影响。

为达到上述要求，数值模型必须保证各构件的几何、材料与实际结构在每一施工阶段中的状态相同，构件之间的连接与实际结构施工状态相符，预拉力的施加效果符合实际的张拉效果，结构在每一施工阶段的荷载和边界约束与实际结构的施工状态相同。图 4-1-6 为弦支穹顶结构张拉阶段的分析模型。根据第 2 章的理论，张拉阶段是一个慢速时变的过程，在这个过程中，杆件个数、荷载和准结构边界都在变化。如果把初应变看作材料的物理性质，那么整个过程中索的材性也在变化。张拉阶段的数值模拟内容与使用阶段的比较见表 4-1-2，两个阶段模拟的内容存在一些差异。

张拉阶段的数值模拟内容与使用阶段的模拟内容存在差异。如何正确模拟这些差异就成了能否正确模拟张拉阶段施工的决定性因素。在数值模型中，构件的增减变化过程可通过生死单元来模拟。张拉施工分析的连续性，即后一阶段的张拉是在前一阶段的基础上进行的，则是通过荷载步定义和考虑张拉过程非线性实现的。下面阐述准结构变边界模拟和预应力张拉批次的模拟。

（1）临时支撑的数值模拟

施工结构的数值模型的变边界特性是由临时支撑的增减引起的，如何准确模拟变边界特性，取决于临时支撑的正确模拟。

临时支撑只存在于弦支穹顶结构的施工阶段，且当结构张拉拱起，全部临时支撑与结构脱离后，这些临时支撑就彻底退出工作。从受力性质上讲，临时支撑只承受轴向压力，采用只压不拉的空间二力杆单元可以准确模拟临时支撑。

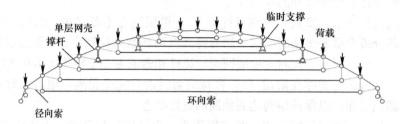

(a) 结构分析模型剖视图

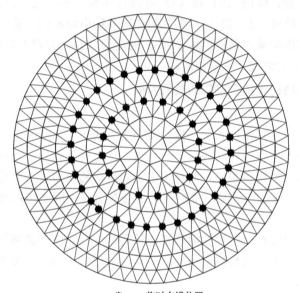

●——临时支撑位置

(b) 临时支撑位置示意图

图 4-1-6　弦支穹顶结构分析模型

张拉阶段和使用阶段的数值模拟区别				表 4-1-2
模拟内容	起始几何	基本构件	预拉力	荷载
张拉阶段	放样几何	网壳、索、撑杆、临时支撑	变化	可能不变
使用阶段	建筑设计几何	网壳、索、撑杆	不变	变化

对如图 4-1-7 所示的空间二力杆，在局部坐标系 xyz 下，单元的刚度矩阵 $[\overline{K}_\mathrm{p}]$ 为[22]：

$$[\overline{K}_\mathrm{p}] = \begin{bmatrix} 1 & 0 & 0 & -1 & 0 & 0 \\ 0 & 0 & 0 & 0 & 0 & 0 \\ 0 & 0 & 0 & 0 & 0 & 0 \\ -1 & 0 & 0 & 1 & 0 & 0 \\ 0 & 0 & 0 & 0 & 0 & 0 \\ 0 & 0 & 0 & 0 & 0 & 0 \end{bmatrix} \qquad (4\text{-}1\text{-}1)$$

在整体坐标系 XYZ 下，单元的刚度矩阵 $[K_p]$ 为：

$$[K_p] = [R][\overline{K}_p][R]^T \qquad (4\text{-}1\text{-}2)$$

式中　$[R]$——坐标转换矩阵，对图 4-1-7 的两个坐标系：

$$[R] = \begin{bmatrix} [r] & 0 \\ 0 & [r] \end{bmatrix} \qquad (4\text{-}1\text{-}3)$$

$$[r] = \begin{bmatrix} l_{xX} & l_{yX} & l_{zX} \\ l_{xY} & l_{yY} & l_{zY} \\ l_{xZ} & l_{yZ} & l_{zZ} \end{bmatrix} \qquad (4\text{-}1\text{-}4)$$

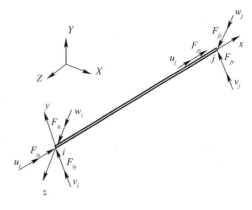

图 4-1-7　空间二力杆单元

式中　l_{xX}、l_{xY}、l_{xZ}——局部坐标 x 对整体坐标系 XYZ 的方向余弦；

l_{yX}、l_{yY}、l_{yZ}——局部坐标 y 对整体坐标系 XYZ 的方向余弦；

l_{zX}、l_{zY}、l_{zZ}——局部坐标 z 对整体坐标系 XYZ 的方向余弦。

数值分析中，如临时支撑单元出现受拉的状态，可将该杆单元的刚度矩阵 $[K_p]$、质量矩阵和阻尼矩阵置 0，即忽略其对总刚的贡献，模拟该临时支撑退出工作。

实际的临时支撑有一定的截面和变形能力，其截面通常是格构式或独立柱，可根据施工分析的需要，将其简化成单位长度的杆件。

（2）施工参数的引入

张拉完成后结构的几何与力学性能与结构的具体施工参数密切相关，张拉阶段的数值分析应充分考虑结构的施工工艺过程，保证数值模拟能如实反映实际施工工艺的影响。

施工顺序的引入不仅与分析模型中结构荷载和临时支撑有关，最主要的是与预应力施加方式和张拉顺序有关，也即预应力张拉采用的施工顺序不同，张拉阶段外部荷载以及临时支撑系统的类型和布置也不一样，这些差异可以在分析模型中如实体现。

采用张拉环索或径向索施加预应力，其力学原理均为缩短张拉索段原长。而撑杆顶升法其本质为增加撑杆的原长。不管采用何种方式施加预拉力，采用缩短张拉索段原长均可模拟实际情况。对于不同的张拉方式：一端张拉、两端张拉或中间张拉，通过定义相应的张拉索段即可实现模拟。

临时支撑系统的设置可通过只压不拉单元实现，施工模拟中临时支撑的刚度、数量、布置必须与实际施工中临时支撑系统的设置相同。

（3）确定张拉过程的控制变量

在进行使用阶段结构分析时，通常以外部荷载为控制变量来获得结构的反应随荷载的变化，相应地，张拉全过程分析应该通过控制张拉力来获得结构反应随张拉力的变化。然而，如前所述，不管是采用改变环境温度法还是改变索初始应变来模拟预拉力，输入计算模型的是环境温度或索初应变，而不是确切的预拉力值，确切的预拉力值必须在结构受力平衡之后得到，直接采用预拉力为控制变量是不方便的。

随着张拉施工的进行，结构将逐渐脱离临时支撑并成形，其刚度和承载力都比单层网壳有了显著的增强。结构的变形对张拉力不再敏感，张拉力的微小增量不会导致显著的结构变形，因此可采用张拉力控制方法，即使用张拉力控制结构位形和内力。与预拉力相比，结构施工中的位移测量结果相对精确，也可选择变形作为张拉过程结构分析时的控制变量辅助量。而控制点及控制自由度的选取可以根据施工中的要求来确定，一般选择易于测量的自由度，如竖向位移，且宜选择竖向位移较大的点，如网壳中心点或者其他网壳节点。

因此，张拉过程分析可理解为给定各环索在每个张拉阶段的目标预拉力计算对应的结构内力和位移，分析结构在张拉施工中有无不利状态，为实际施工控制提供数据和依据。

由于控制预拉力与输入模型的张拉索段初应变之间不是简单的线性关系，必须先通过迭代求解满足控制预拉力所需的张拉索段的初应变，再计算该索段初应变对应的结构内力和位移。对于张拉方式采用张拉环索的张拉初应变求解，可以采用改进张力补偿法进行迭代求解。

改进张力补偿法[23]是针对预应力空间结构施工张力控制值计算和结构在施工期间的受力分析研究出的一种力学分析方法。张力补偿法的基本原理是根据索的平衡态实际内力，通过张力补偿的办法不断调整索力的大小，使之逐渐逼近平衡态的内力。张力补偿法的特点是逐步地迭代逼近，必须经过许多轮的迭代计算。文献 [24，25] 借鉴此方法，通过张力控制值在 ANSYS 程序中计算环索的初应变值。在针对 ANSYS 程序特点改进的张力补偿法中，同一组索指同时被张拉的若干条索，即处于同一圈的环向索；不同批次是指张拉时间上的区分。设结构中有 n 组索，张力设计值分别为 P_1，P_2，P_3，…，P_n。

计算步骤如下：

第 k 次循环，$k=1$，2，3…

(1) 第一组索施加初应变 $\varepsilon_1(k)$，ANSYS 程序计算索实际内力值 $F_1^1(k)$，此时 $F_1^1(k) \neq P_1(k)$；

(2) 给第二组索施加初应变 $\varepsilon_2(k)$，ANSYS 程序计算索实际内力值 $F_1^2(k)$，$F_2^2(k)$，此时 $F_2^2(k) \neq P_2(k)$；

(3) 给第三组索施加初应变 $\varepsilon_3(k)$，ANSYS 程序计算索实际内力值 $F_1^3(k)$，$F_2^3(k)$，$F_3^3(k)$，此时 $F_3^3(k) \neq P_3(k)$；

……

(i) 给第 i 组索施加初应变 $\varepsilon_i(k)$，ANSYS 程序计算索实际内力值 $F_1^i(k)$，$F_2^i(k)$，$F_3^i(k)$，…，$F_i^i(k)$，此时 $F_i^i(k) \neq P_i(k)$；

……

(n) 给第 n 组索施加初应变 $\varepsilon_n(k)$，ANSYS 程序计算索实际内力值 $F_1^n(k)$，$F_2^n(k)$，$F_3^n(k)$，…，$F_n^n(k)$，此时 $F_n^n(k) \neq P_n(k)$。

其中　　i——索组号，为同时被张拉的若干根索的序号（位置参数），在弦支穹顶结构中指同一圈的环向索；

j——张拉批次号，为一组索张拉的顺序号（时间参数）；

k——循环计算序号；

P_i——第 i 组索中主动索的张力设计值；

$\varepsilon_i(k)$——k 次循环计算中，由第 i 组索中主动索的张力设计值计算出的初应变值；

$P_i(k)$——k 次循环计算中，第 i 组索中主动索的张力控制值；

$F_i^j(k)$——k 次循环计算中，第 i 组索中主动索在第 j 批次张拉时的实际内力值。

对于 $\varepsilon_1(k)$，当 $k=1$ 时，是由 P_1 计算得到的应变值；当 $k\neq1$ 时，是由 $P_1(k)$ 计算得到的应变值。

至此，各组索均施加了初应变，ANSYS 程序计算后索内力均发生了变化，变化值为：

$$\Delta F_1^n(k) = P_1 - F_1^n(k)$$
$$\Delta F_2^n(k) = P_2 - F_2^n(k)$$
$$\Delta F_3^n(k) = P_3 - F_3^n(k)$$
$$\cdots\cdots$$
$$\Delta F_n^n(k) = P_n - F_n^n(k)$$

这里 $\Delta F_1^n(k)$ 为第 k 次循环计算后，各组索中主动索的内力变化值。

当第 k 次循环结束时，若 $\Delta F_1^n(k)/P_1\approx0$，$\Delta F_2^n(k)/P_2\approx0$，…，$\Delta F_n^n(k)/P_n\approx0$，即计算误差足够小时，结束循环计算。此时，$F_1^n(k)$，$F_2^n(k)$，$F_3^n(k)$，…，$F_n^n(k)$ 近似等于相应各组索的设计张力值，而 $\varepsilon_1^1(k)$，$\varepsilon_2^2(k)$，$\varepsilon_3^3(k)$，…，$\varepsilon_n^n(k)$ 则是 ANSYS 程序中第 1，2，3，…，n 组索应施加的初应变值。若计算误差太大，不能满足工程要求，则需要进行第 $k+1$ 次循环计算。在第 $k+1$ 次循环计算前先修改各组索的张力控制值，方法是：将内力变化值补偿给上一次循环时索的张力控制值，然后换算成应变值。即：

$$P_1(k+1) = P_1 + \Delta F_1^n(k)$$
$$P_2(k+1) = P_2 + \Delta F_2^n(k)$$
$$\cdots\cdots$$
$$P_n(k+1) = P_n + \Delta F_n^n(k)$$

$P_1(k+1)$，$P_2(k+1)$，…，$P_n(k+1)$ 是第 $k+1$ 次循环计算时索的张力控制值，换算成相应的应变值 $\varepsilon_1^1(k+1)$，$\varepsilon_2^2(k+1)$，$\varepsilon_3^3(k+1)$，…，$\varepsilon_n^n(k+1)$，作为第 $k+1$ 次循环计算时应施加的初应变值，循环计算方法与第 k 次完全相同。

文献 [26] 算例表明，张力补偿法对于单索体系的索内力收敛很快，经过 1~2 轮循环计算后就可以满足工程要求。但应用在弦支穹顶结构等体系中，由于索内力之间的影响较为复杂，有时会出现个别索收敛速度较慢的情况。此时，没有必要因为这些少量索段而继续进行更多次的循环计算，只要适当扩大张力补偿值就可以大大减少循环次数。具体方法是：

在第 k 次循环计算结束时，若发现第 i 组索收敛慢，而其他组索的预应力值已经满足工程精度要求，则可以扩大第 $k+1$ 次循环的张力补偿值，即 $P_1(k+1)=P_1(k)+M\Delta F_1^n(k)$，$M\geqslant1$ 为扩大系数，大小依具体情况而定。

其他各组索的张力补偿值做相应调整，即 $P_h(k+1)=P_h(k)+N\Delta F_h^n(k)$，$(h\neq i)$，$N\geqslant0$ 为影响系数，若第 i 组索对第 h（$h\neq i$）组索的内力影响大，则 N 取值可以大些；若第 i 组索对第 h 组索的内力影响小，则 N 取值可以小些；若第 i 组索对第 h 组索的内力影响非常小，则 N 取值为零。

将调整后的 $P_1(k+1)$，$P_2(k+1)$，…，$P_n(k+1)$ 换算成应变值 $\varepsilon_1^1(k+1)$，$\varepsilon_2^2(k+1)$，$\varepsilon_3^3(k+1)$，…，$\varepsilon_n^n(k+1)$，进行第 $k+1$ 次循环计算，这样可以使第 i 组索快速收敛。

采用张力补偿法求解张拉控制力需要的初应变之后，可以采用前进法进行张拉施工分析，即跟踪张拉过程中每个张拉阶段的内力、变形。

4.1.3.3 弦支穹顶结构张拉全过程分析算法

弦支穹顶结构的几何位形在施加预应力后可能发生较大改变，即初始状态和零状态的几何可能存在较大差异，往往不可忽略，因此结构构件能否按建筑设计图纸进行施工放样是值得商榷的。而合理的做法是先对弦支穹顶结构进行找形分析，确定合理的初始状态几何，并以此为分析起点，确定结构初始状态的内力分布和放样几何，然后由放样几何状态出发进行张拉全过程分析。

根据上述分析方法编制了张拉全过程分析程序，将在下文对其进行阐述。

4.1.4 施工找形分析

根据前文所述，弦支穹顶结构应先进行找形分析，确定合理的初始状态几何，然后据此确定结构初始状态的内力分布和放样几何。实际工程中大部分结构在进行找力分析后便进行张拉分析确定施工控制力进行施工。李咏梅[27]针对逐环张拉成型的施工方法，利用索力为控制参数，编制了一个可以考虑施工进程的施工分析程序，该程序可以考虑几何非线性、后批预应力拉索对前批预应力拉索造成的损失；可以获得初始索力和位形。然而，该方法只是针对逐环张拉成形的无脚手架施工方法而提出的，且此种无脚手架施工方法本身只适用于中、小跨度结构[18]，对于大跨度结构不适用。除此之外，该程序只采用索力为控制参数，没有考虑位形控制参数。大跨度结构张拉施工过程中，位形的变化相对较大，采用双控进行施工控制是必要的。广义的施工找形分析应包括找力和找形，找力分析是确定对应预应力设计值的初应变值，找形分析是获得满足预应力设计态的放样态位形，二者缺一不可且密切联系，因此在对结构进行施工前必须进行施工找形分析。

4.1.4.1 找力

找力分析在 4.1.3.2 中已阐述，可采用张力补偿法或改进的张力补偿法求解，下面重点介绍施工找形分析。

4.1.4.2 找形

逆迭代法[26]是非刚性结构找形分析的一种有效方法，是在已知初始状态几何和预拉力 T_p 的条件下求解结构初始状态的内力分布和放样几何。其原理是假设弦支穹顶结构的放样几何为 $\{X\}_i$，以一对大小相等、方向相反的力 T_p 代替张拉索段，计算在结构自重和预拉力 T_p 作用下结构的位形 $\{X\}_i^0$ 及其与建筑设计几何 $\{X\}^0$ 的差值 $\{\Delta X\}_i$，即

$$\{\Delta X\}_i = \{X\}_i^0 - \{X\}^0 \tag{4-1-5}$$

当 $\{\Delta X\}_i$ 在给定的精度范围内时，则得到的位形 $\{X\}_i^0$ 与初始几何相符，对应的内力即为弦支穹顶结构的初始状态内力，此时 $\{X\}_i$ 就是放样几何，若不满足精度要求，则修正放样几何为：

$$\{X\}_{i+1} = \{X\}_i - \{\Delta X\}_i \tag{4-1-6}$$

并继续迭代计算。

上述的逆迭代法存在两个不足：一是该方法可行的前提是预拉力大小 T_p 必须事先确定，然而在找形分析之前，结构预拉力大小往往是未知的，需要在找形分析中确定；二是用一对大小相等、方向相反的拉力对结构施加预拉力，当结构变形较大时，这种模拟方法不够精确。

文献［18］所提出的找形迭代程序中，采用放样态与平衡态的最大坐标差值和最大索力误差两个控制参数，对结构整体零状态进行找形，确定每个节点的安装坐标，然后张拉拉索，企图使结构在自重作用下，结构各节点坐标达到平衡态设计的位置。由于该方法没有考虑施工工艺进程对索力和位形的影响，并且忽略了大跨度结构的临时支撑对张拉索力的影响，采用该程序确定的控制参数进行张拉施工，难以获得较为精确的索力和位形。实际工程中，拉索的张拉顺序、张拉方式、临时支撑等均影响最终索力和位形。

采用逆迭代法的思想，根据上述原理结合循环前进法，本章提出了针对逐环张拉环索的施工顺序和各种预应力损失以及临时支撑的施工找形程序，采用 ANSYS 软件 APDL 语言编写了程序 SFP，具体算法见下一节。

4.1.4.3　双控法施工找形计算流程

针对逐环张拉环索的施工方法，提出了双控法施工找形计算方法 SFP，其主要步骤有：

（1）以结构理论设计模型作为预应力平衡态构型，并将预应力平衡态的结构坐标储存到数组 cfinal 中。

（2）以放样态坐标（初值为预应力态坐标）和预应力设计值建立第 1 施工阶段的数值分析模型，进行几何非线性计算，得到本施工阶段的施工控制索力和节点控制位移；然后按照施工顺序，对其他的施工阶段重复上述内容。

（3）提取索力、初应变和截面面积，并计算索力与其设计值误差的最大值。

（4）获取放样态几何，并用变形后的结构构型更新分析模型节点坐标，并获取平衡态的几何，计算该几何状态与预应力态坐标误差的最大值。

（5）如果最大索力误差值和最大坐标误差符合预先设定的精度，该次施工找形结束，可以继续后面的步骤，比如计算索原长等。

（6）如果最大索力误差值或最大坐标误差或二者都不符合预先设定的精度，则需要采用补偿法更新初应变和放样态坐标，然后继续步骤（2）。

图 4-1-8 给出了施工找形计算程序 SFP 的流程，图中符号说明如下：

cfinal——预应力平衡态坐标；

p——预应力；

czero——放样态几何；

error——索力误差；

error-max——最大索力误差；

cbalan——平衡态几何；

c——平衡态几何误差；

c-max——最大平衡态几何误差。

图 4-1-8 中有两个主要的控制参数：最大平衡态几何误差 c-max 和最大索力误差 error_max。在该计算程序中，根据工程精度的需要，将节点坐标误差 c-max 设为 0.5%，最大索力误差 error_max 设为 5%，也可根据具体工程精度的需要，将其设置为其他误差精度值。该程序可以计算出弦支穹顶结构的放样态几何、拉索的施工初始长度、每个施工阶段的施工控制力和节点位移，并最终保证预应力平衡态的索力和位形符合设计要求。

该算法的优点在于，整个模拟过程中可以考虑施工参数和施工过程的影响，可根据施工进程不断更新数值计算模型，能得到真实的、准确的施工找形分析结果。

SFP（Suspen-dome Finding Shape Program）计算程序

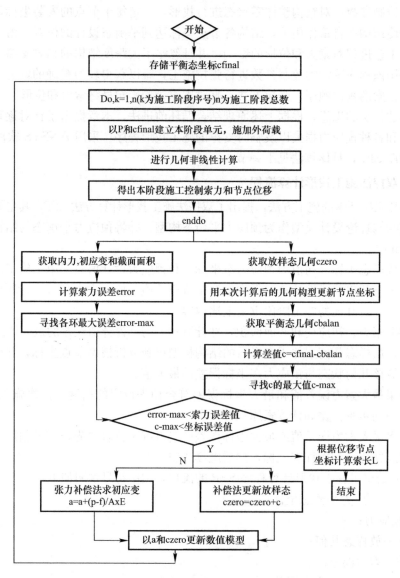

图 4-1-8　弦支穹顶结构施工找形分析算法

4.1.4.4　双控法施工全过程分析算法

在上述双控法施工找形算法的基础上，编制了针对逐环张拉环索的双控法施工全过程分析程序，其主要步骤有：

（1）首先，采用 SFP 程序对已知预应力态构型的弦支穹顶结构进行施工找形；

（2）按照找形分析得到的放样态和初应变更新数值分析模型；

（3）按照更新后的数据建立第 1 施工阶段数值分析模型，并施加外荷载；

（4）进行几何非线性计算，并得到本施工阶段的施工控制索力和节点控制位移，然后按照施工顺序，对其他的施工阶段重复上述内容，依次获得各施工阶段的施工控制索力和节点控制位移。

图 4-1-9 给出了所编制的施工全过程分析程序 SCAP 的流程。

SCAP（Suspen-dome Construction Analysis Program）程序

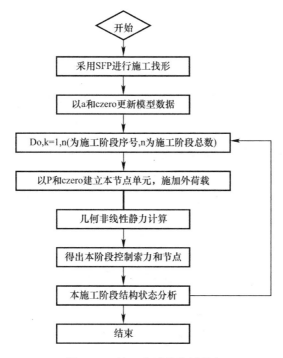

图 4-1-9 施工全过程分析程序

在弦支穹顶结构施工找形中，只考虑张拉完毕时预应力满足设定值的方法，称为力控法找形，对应的张拉过程为力控张拉施工。同时满足预应力设定值和预应力平衡态位形要求的方法称为双控法找形，对应的张拉过程为双控张拉施工。

4.1.4.5 施工找形和施工全过程分析算例

为了验证所提的双控法施工找形算法和双控法施工全过程分析算法的优越性，分别采用双控法和力控法对结构进行张拉过程分析，其中每一种方法又分为考虑施工过程和不考虑施工过程两种情况，具体工况类型如表 4-1-3 所示。

施工找形算法类别　　　　　　　　　　　　　　　　　　　表 4-1-3

算法类别		找形控制参数	有无考虑施工过程
施工找形	全过程分析		
PM1	CPM1	力控张拉施工	无
PM2	CPM2	力控张拉施工	有
PM3	CPM3	双控张拉施工	无
SFP	SCAP	双控张拉施工	有

弦支穹顶结构模型如图 4-1-10 所示，其上部结构为跨度 90m、矢高 15m 的 k8-联方型单层网壳。弦支穹顶结构杆件和临时支撑的截面参数见表 4-1-4，预应力设计值如表 4-1-5 所示。张拉施工方法按照由外环到内环顺序，采用同一圈环索同步张拉，且一次张拉到位，各个施工阶段具体内容如表 4-1-6 所示。

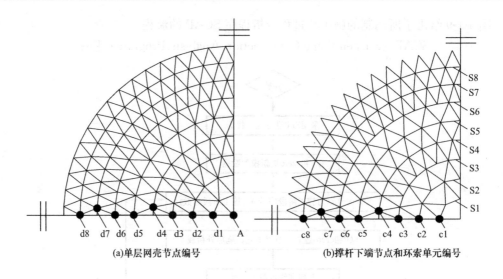

(a)单层网壳节点编号　　　　　　　　(b)撑杆下端节点和环索单元编号

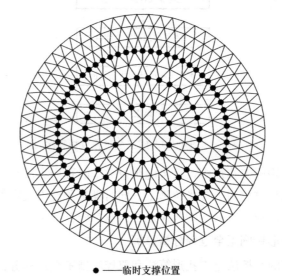

● ——临时支撑位置

(c)临时支撑布置图

图 4-1-10　弦支穹顶结构模型

弦支穹顶结构构件截面参数　　　　　　　　　　　　表 4-1-4

构件名称	单层壳	环索	径向索	撑杆	临时支撑
钢种	Q235	钢丝绳	钢丝绳	Q235	Q235
截面型号	250ϕ10	5×55	5×37	146ϕ6	46×4（等效截面）
面积 A（mm^2）	6063	1075	706	2638	525（等效面积）
弹性模量	2.06e11	1.8e11	1.8e11	2.06e11	2.06e11
密度	7850	7850	7850	7850	7850

预应力设计值　　　　　　　　　　　　表 4-1-5

环索位置编号	S1	S2	S3	S4	S5	S6	S7	S8
预应力设计值（N）	20000	50000	80000	100000	200000	250000	400000	500000

施工阶段内容 表 4-1-6

施工阶段	开始状态	阶段一	阶段二	阶段三	阶段四	阶段五	阶段六	阶段七	阶段八
施工内容	单层壳和临时支撑	张拉 S8	张拉 S7	张拉 S6	张拉 S5	张拉 S4	张拉 S3	张拉 S2	张拉 S1

（1）力控法施工找形和施工全过程分析

本节针对力控法采用 APDL 语言分别编制了施工找形程序 PM1（Program 1）和 PM2（Program 2）及相应的施工全过程分析程序 CPM1（Construction Program 1）和 CPM2（Construction Program 2）。二者区别在于找形时 PM1 不考虑施工过程，而 PM2 考虑施工过程。PM1、PM2 计算结果如图 4-1-11、图 4-1-12 和表 4-1-7 所示。其中，CPM1 和 CPM2 程序使用的预应力张拉目标值分别由 PM1、PM2 程序计算得出。

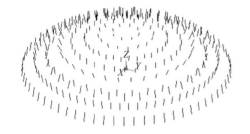

图 4-1-11 整体竖杆的变位（放大 40 倍）

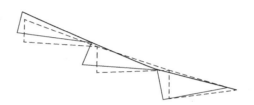

图 4-1-12 局部单层网壳和竖杆的变位（虚线为初始位置，放大 40 倍）

PM1 和 PM2 计算的初始应变 表 4-1-7

单元	PM1		PM2		误差 $\Delta=(\varepsilon_1-\varepsilon_2)/\varepsilon_1$
	初始应变 ε_1	预应力 P_1（N）	初始应变 ε_2	预应力 P_2（N）	
S1	0.842	19026	0.952	19442	11.51%
S2	0.906	49639	0.897	49671	0.91%
S3	0.693	80056	0.714	80087	2.84%
S4	0.615	100413	0.826	100000	25.51%
S5	0.245	197590	0.250	197707	1.72%
S6	0.155	250847	0.165	250839	6.24%
S7	0.282	399963	0.296	399962	4.49%
S8	0.003	500000	0.287	500000	0.00%

表 4-1-7 给出了由 PM1 和 PM2 计算得出的初始应变。采用上述初应变，按照既定的施工顺序分别进行施工模拟计算，计算结果如表 4-1-8 所示。由表 4-1-7 可看出，PM1 比 PM2 寻找到的初应变值偏小，最大差别为 11.5%。

由表 4-1-8 可知，CPM2 施工模拟结果比较理想，平衡态预应力与目标值误差均在 3% 以内。而程序 CPM1 的计算结果平衡态预应力与目标值误差较大，最大达到 23%。这说明环索之间张拉的先后顺序使得各个环索预应力相互影响，从而引起环索预应力损失，中间位置的环索索力损失最大。因此，考虑了施工过程的找形程序可以更好地满足实际施工完毕后预应力平衡态的要求。表 4-1-9 给出了 CPM2 计算出的预应力施工控制值。

施工模拟结果　　　　　　　　　　　　　　　　　表 4-1-8

单元	CPM1			CPM2		
	平衡态预应力（N）		误差（%）	平衡态预应力（N）		误差（%）
	目标值 P_1	求解值 F_1	$\Delta=(P_1-F_2)/P_1$	目标值 P_2（N）	求解值 F_2	$\Delta=(P_1-F_2)/P_1$
S1	19026	17803	6.43	19442	19908	2.40
S2	49639	49889	0.50	49671	50014	0.69
S3	80056	78054	2.50	80087	79998	0.11
S4	100413	77289	23.03	100000	100000	0.00
S5	197590	192312	2.67	197707	199929	1.12
S6	250847	236875	5.57	250839	250026	0.32
S7	399963	382012	4.49	399962	399998	0.01
S8	500000	499217	0.16	500000	500000	0.00

CPM2 预应力施工控制值（N）　　　　　　　　　表 4-1-9

控制单元	施工控制值							
	阶段一	阶段二	阶三段	阶段四	阶段五	阶段六	阶段七	阶段八
S8	460684	484325	490147	493160	495818	498179	499408	500000
S7		384488	396778	398621	399145	399627	399877	399962
S6			207602	248556	249637	249637	249897	250839
S5				187507	197689	199230	199721	197707
S4					89741	98372	99643	100000
S3						70152	78948	80087
S2							45593	49671
S1								19442

由上文可知，采用 CPM2 程序，可考虑施工顺序的影响，计算出的施工控制值可满足一定精度的施工要求。但力控法只考虑平衡态预应力，没有考虑预应力平衡态的位形，按照由力控法得到的施工控制值（表 4-1-8）进行施工，虽然平衡态预应力值可以满足要求，但得到的位形常常无法控制，图 4-1-11 给出了此时整体竖杆的变位（放大 40 倍），图 4-1-12 给出了局部竖杆和单层网壳的变位（放大 40 倍）。从此二图和表 4-1-10 可知，采用 CPM2 程序进行找形和施工模拟，施工完毕时竖杆的斜向变位较大，在本算例中，最大变位出现在内环撑杆处，偏差达 5.5%。由于内环竖杆较短，较大的变位可能影响到结构内部的外观视觉效果，这说明力控法难以满足一定精度的结构预应力平衡态，因而，采用力控法进行施工全过程分析不理想。

（2）双控法施工找形和施工全过程分析

本节编制了 PM3 找形程序和相应的施工全过程分析程序 CPM3。PM3 与 SFP 的区别在于找形时前者没有考虑施工过程。采用 CPM3 和 SCAP 进行找形分析和施工模拟的计算结果如下。

表 4-1-11 给出了分别由 PM3 和 SFP 计算出的初始应变，采用各自求得的初应变分别按照 CPM3 和 SCAP 进行施工模拟计算，计算结果如表 4-1-12 和表 4-1-13 所示。由表 4-1-11 可看出，PM1 比 PM2 寻找到的较大初应变偏小，较小初应变偏大，最大差别为 11.5%。

CPM2 计算的竖杆变位　　　　　　表 4-1-10

撑杆单元	水平位移 Δx	杆长 h	偏差 $=\Delta x/h$
c1	0.073926	1.3305	5.5%
c2	0.04316	1.7070	2.5%
c3	0.03816	2.0715	1.8%
c4	0.03696	2.4318	1.5%
c5	0.04370	2.7765	1.6%
c6	0.03058	3.1070	1.0%
c7	0.03136	3.4217	0.9%
c8	0.02598	3.7188	0.7%

PM3 和 SFP 计算出的初始应变　　　　　　表 4-1-11

单元	PM3		SFP		误差
	初始应变 ε_1	预应力 P_1（N）	初始应变 ε_2	预应力 P_2（N）	$\Delta=(\varepsilon_1-\varepsilon_2)/\varepsilon_1$
S1	0.885	19902	0.934	19999	5.23
S2	0.849	50008	0.826	50000	2.72
S3	0.722	79999	0.750	79999	3.82
S4	0.690	100000	0.828	100000	16.75
S5	0.186	200000	0.185	200000	0.10
S6	0.183	250000	0.197	250000	7.20
S7	0.282	400000	0.296	400000	4.67
S8	0.287	500000	0.287	500000	0.00

施工模拟结果　　　　　　表 4-1-12

单元	CPM3			SCAP		
	平衡态预应力（N）		误差（%）	平衡态预应力（N）		误差（%）
	目标值 P_1	求解值 F_1	$\Delta=(P_1-F_2)/P_1$	目标值 P_2（N）	求解值 F_2	$\Delta=(P_1-F_2)/P_1$
S1	19902	19054	4.26	19999	19999	0.00
S2	50008	50898	1.78	50000	50000	0.00
S3	79999	77390	3.26	79999	79999	0.00
S4	100000	84913	15.09	100000	100000	0.00
S5	200000	197971	1.01	200000	200000	0.00
S6	250000	232128	7.15	250000	250000	0.00
S7	400000	381106	4.72	400000	400000	0.00
S8	500000	499093	0.18	500000	500000	0.00

　　由表 4-1-12 可知，SCAP 施工模拟结果比较理想，平衡态预应力与目标值误差为零。实际上，可根据经济需求和精度要求，选取一个适中的目标值控制误差。程序 CPM3 计算出的平衡态预应力值与目标值误差较大，最大达到 15%，再次验证了环索之间张拉的先后顺序使得各个环索预应力相互影响，从而引起了环索预应力损失，中间位置的环索（S4）索力损失最大。因此，考虑了施工过程的双控找形程序 SCAP 可以更好地满足施工完毕后预应力平衡态的要求。

　　表 4-1-13 给出了 SCAP 计算出的预应力施工控制值，按照该控制值进行施工，可以达

到理想的预应力设计值。

表 4-1-14 给出了采用 SFP 找形程序得到的结构放样态坐标值，即工厂加工杆件尺寸的依据。

SCA 施工控制值（N）　　　　　　　　　　　　表 4-1-13

控制单元	施工控制力							
	一阶段	二阶段	三阶段	四阶段	五阶段	六阶段	七阶段	八阶段
S8	461240	484425	490288	493228	495861	498201	499415	500000
S7		382862	397379	398439	399069	399592	399866	400000
S6			237694	247921	249025	249590	249865	250000
S5				188478	198235	199519	199857	200000
S4					89818.8	98597	99671	100000
S3						72635	79087	80000
S2							45885	50000
S1								20000

零状态和预应力平衡态下部分节点坐标　　　　　　表 4-1-14

部位	节点编号	零状态节点坐标			预应力态节点坐标			偏移（m）		
		X（m）	Y（m）	Z（m）	X（m）	Y（m）	Z（m）	Δx	Δy	Δz
网壳节点	A	0.0000	0.0000	14.9597	0.0000	0.0000	15.0000	0.0000	0.0000	0.0403
	d1	5.3516	−0.2629	14.7644	5.3515	−0.2629	14.8080	0.0000	0.0000	0.0436
	d2	10.6752	−0.5244	14.1926	10.6751	−0.5244	14.2340	0.0001	0.0000	0.0414
	d3	15.9458	−0.7834	13.2464	15.9448	−0.7833	13.2810	0.0010	0.0000	0.0346
	d4	21.1352	−1.0381	11.973	21.134	−1.0382	11.953	0.0012	0.0001	0.0200
	d5	26.2165	−1.2879	10.2328	26.2134	−1.2878	10.2580	0.0031	0.0002	0.0252
	d6	31.1603	−1.5308	8.1758	31.1594	−1.5308	8.2040	0.0009	0.0001	0.0282
	d7	36.0029	0.0000	5.7983	35.9900	0.0000	5.8010	0.0129	0.0000	0.0027
	d8	40.5732	1.9932	3.0762	40.5501	1.9921	3.0614	0.0231	0.0011	0.0148
撑杆下节点	c1	5.3559	−0.2631	13.4339	5.3515	−0.2629	13.4775	0.0043	0.0002	0.0436
	c2	10.6820	−0.5248	12.4856	10.6751	−0.5244	12.5270	0.0069	0.0003	0.0414
	c3	15.7951	2.3430	11.1856	15.7912	2.3424	11.2095	0.0039	0.0006	0.0239
	c4	20.5286	5.1421	9.4971	20.5249	5.1412	9.5212	0.0037	0.0009	0.0241
	c5	24.7312	8.8490	7.4563	24.7108	8.8417	7.4815	0.0204	0.0073	0.0252
	c6	29.3899	10.5159	5.0688	29.3734	10.5100	5.0970	0.0166	0.0059	0.0282
	c7	33.2756	13.7832	2.3766	33.2504	13.7728	2.3793	0.0251	0.0104	0.0027
	c8	36.7117	17.3633	−0.6426	36.7011	17.3583	−0.6574	0.0106	0.0050	0.0148

表 4-1-15 给出了结构施工过程中的位移控制值。因此，在施工过程中的施工控制、监测可以采用索力和结构变形控制、监测同时进行。

施工阶段控制点位移　　　　　　　　　　　　表 4-1-15

控制点	施工阶段控制点位移（m）							
	一阶段	二阶段	三阶段	四阶段	五阶段	六阶段	七阶段	八阶段
A	0.0224	0.0295	0.0320	0.0350	0.0370	0.0389	0.0402	0.0402

续表

控制点	施工阶段控制点位移（m）							
	一阶段	二阶段	三阶段	四阶段	五阶段	六阶段	七阶段	八阶段
d1	0.0203	0.0274	0.0299	0.0329	0.0349	0.0368	0.0382	0.0436
d2	0.0177	0.0248	0.0273	0.0303	0.0323	0.0343	0.0411	0.0414
d3	0.0166	0.0237	0.0262	0.0292	0.0311	0.0374	0.0355	0.3045
d4	0.0172	0.0243	0.02695	0.03385	0.02905	0.0315	0.0304	0.1648
d5	0.0178	0.0249	0.0277	0.0385	0.0270	0.0256	0.0253	0.0251
d6	0.0137	0.0197	0.0409	0.0309	0.0291	0.0285	0.0283	0.0282
d7	0.0171	0.0317	0.00568	0.0042	0.00361	0.00310	0.00284	0.00271
d8	0.0258	−0.0104	−0.0128	−0.0134	−0.0139	−0.0144	−0.0147	−0.0148

图 4-1-13 给出了 SCAP 计算出的张拉过程中各个环索的张拉力，由该图可知，张拉过程中，后续环索张拉会增加已张拉的各环环索力和撑杆内力。张拉第 n 圈环索时，第 $n+1$ 圈环索的索力增加量比较大，S2、S3、S4 索力受前一步张拉影响幅度较大，其增长幅度接近 10%，而已张拉的第 $n+2$ 至 8 圈环索索力增加量较小，索力增长幅度小于 1%。总体来看，逐环张拉各环环索时，各环索相互影响较小，这与此结构上部网壳的刚度较大有关。

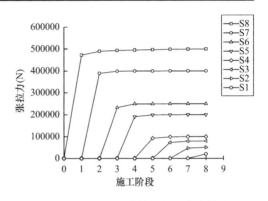

图 4-1-13　SCAP 计算出的环索张拉力

由上述分析可知，采用 SFP 程序可得到结构放样态节点坐标，可以按照设定的精度满足预应力平衡态的要求；采用由 SCAP 程序计算出的拉索预应力施工控制值、结构变形控制值进行施工，可按照设定的精度满足施工要求。因此，考虑了施工过程的双控法是理想的施工找形方法和求解拉索预应力施工控制值的方法，可以按设定精度满足设计和施工控制、监测的要求。

4.2　施工过程临时支撑卸载的影响

4.2.1　引言

在弦支穹顶结构的安装过程中，临时支撑体系发挥着十分重要的作用。临时支撑体系不但承担着施工阶段部分结构的自重及施工荷载，而且对于安装精度和施工的便利性也有重要的影响，所以大跨度结构施工中临时支撑体系的安全性、稳定性及布置的合理性日益成为施工过程中分析计算的重要部分。

本节主要通过对弦支穹顶结构的施工技术难点——临时支撑的分析和数值模拟计算，解决施工中遇到的有关临时支撑体系卸载问题，以指导结构施工的安全进行。

4.2.1.1　临时支撑验算的重要性

几乎所有大型复杂钢结构施工过程中都要使用临时支撑，作为施工过程中的主要受力构件，临时支撑的设计计算的重要性主要体现在以下几个方面：

（1）临时支撑承担了施工过程中大部分荷载，同时部分高耸的临时支撑会受到水平风荷载等不利荷载作用，一旦临时支撑破坏，尚未完全成型的主体结构部分往往会出现倒塌破坏等事故[28]。

（2）临时支撑为施工中的主体结构提供临时约束，主体结构在施工中的受力状态和正常使用状态会有很大区别，但设计中一般不考虑施工工况，仅按照使用阶段进行结构设计。因此从结构安全的角度来看，结构构件在施工过程中有可能破坏。

（3）结构安装过程中，需要临时支撑的辅助以满足构件精确定位、安装的要求，因此需要考虑支撑自身刚度及受力变形的影响。

（4）临时支撑拆除卸载是一个逐渐进行的过程，在此过程中，结构边界条件、受力体系发生转变，内力进行重分布，主体结构和临时支撑相互作用，受力状态的变化在整个卸载过程中持续发生，而且很有可能出现局部内力突然增大甚至内力性质变化的不利情况，这就需要考虑受力变化带来的主体结构和临时支撑结构的安全性问题。

4.2.1.2 弦支穹顶结构临时支撑体系的计算与分析

大跨度结构的建设过程中，多数需要较大规模的临时支撑，大型空间结构体型各异，其安装时的临时支撑架也是种类繁多。但是依据临时支撑的构成特点，主要可以分为如下几种形式[29]：

（1）单柱支撑。柱子可以采用单根构件，也可以采用格构柱形式，主要根据支撑柱所受的荷载及其自身高度而定。如上海八万人体育场顶棚采用 $\phi508 \times 12$ 圆管作为临时支撑[30]。

（2）联体支撑。当支撑柱所受荷载较大，且其高度较大时，单根支撑柱的稳定很难满足规范要求，通常将相邻的支撑柱组合在一起，减小支撑柱的长细比，增加单根支撑柱的稳定性。如澳门体育馆施工中的提升支架[31]。

（3）网架支撑。主体结构重量较大，所需支撑点数量较多时，采用网架或者满布脚手架作为临时结构，如国家大剧院即采用这种支撑方式[32]。通常情形下，第一、二种支撑形式采用较多，而第三种形式采用较少。但是当场地条件比较复杂、结构重量较大且结构为三维空间结构时，第三种支撑形式较为有效。

4.2.1.3 临时支撑模拟及简化计算

大跨度结构设置较大规模的临时支撑体系时，结构施工过程中就必然存在临时支撑体系和主体结构的相互作用。准确地分析临时支撑体系和主体结构之间的相互作用，才能对结构施工方案的可行性、经济性做出准确的判断。但是如果支撑体系数量多、构造复杂，将主体结构和临时支撑捆绑分析会有较多的困难：

（1）大幅度增加运算量。由于计算模型单元数量和节点的增多，导致结构总刚度矩阵大幅度增加，从而使求解困难，误差增大。

（2）模型处理难度增加，结构收敛的不稳定因素增大。

（3）临时支撑需要不断调整和优化，主体结构和临时支撑的组合分析将大幅度增加工作量。

实际上临时支撑架通常只是对主体结构提供竖向弹性约束，以抵抗重力的影响，因此计算时一般将临时支撑简化为一组竖向弹簧，和主体结构一起进行计算。

众所周知，弹簧刚度满足虎克定律

$$k = F/\delta \qquad (4\text{-}2\text{-}1)$$

式中　k——弹簧刚度；

　　　F——弹簧上的作用力；

　　　δ——弹簧的变形值。

通常在分析主体结构和临时支撑之间的相互影响时，由于结构安装过程中支承点基本上以竖向变形为主，所以通常在各个支承点下布置一定竖向刚度的弹簧，弹簧竖向刚度的确定是在支承点位置作用一竖向单位力，求得作用点竖向位移 D 后，弹簧刚度即为

$$k = 1/D \qquad (4\text{-}2\text{-}2)$$

对于本节研究的临时支撑体系，由于各点相对独立，距离不太远，因此施工中采用单柱形式的支撑架，必要时可以配合缆风绳保持其稳定，属于单柱支撑形式，可用独立的弹簧或弹性杆单元模拟。实际的临时支撑不能作为拉力支座，当上部单层网壳脱离支撑后即不再受支座反力，因此计算中支承点反力为拉力时，该支撑应退出工作，从而采用只能承受压力不能承受拉力的 LINK10 杆单元来模拟临时支撑。这种单元的设置使模拟支撑只能承受压力，当其受拉时，其刚度变为零，自动退出工作，不再提供拉力。

模拟支撑的杆单元长度可取为标准长度 1m，其等效截面特性是通过实际临时支撑的竖向刚度等效得到的。具体操作步骤：在实际临时支撑顶端作用竖向单位力，计算此时支撑竖向变形值 Δl，则临时支撑的刚度为 $1/\Delta l$。可以在模型相应支承点处建立 1m 长、刚度为 $1/\Delta l$ 的杆单元，通过等刚度原则换算可得到该杆单元的截面特性。若有缆风绳，则其对临时支撑竖向刚度贡献很小，可不做考虑。此模拟临时支撑的方法[33]计算过程与实际过程较为一致，可以考虑支撑自身的压缩，模拟状态接近实际状态，较为精确。

4.2.2　弦支穹顶结构临时支撑卸载分析

临时支撑建立和卸载是在结构设计完成之后进行的施工过程模拟，因此在进行施工方面的分析之前必须存在一个已经满足设计要求的结构。研究内容包括采用 ANSYS 软件、利用 APDL 语言编制临时支撑卸载程序，并采用该程序分析临时支撑不同卸载方法对施工过程中结构性能的影响，文中采用的分析模型均是假想的，但是为了突出研究的实际意义，在选取模型进行施工分析之前需对其进行结构设计，使其达到标准弦支穹顶结构的要求。这里所谓的标准弦支穹顶结构是指在选定荷载的作用下各类构件的应力比小于并接近于设计强度、缺陷结构双重非线性稳定分析得出的临界稳定系数及结构的挠度满足要求的标准弦支穹顶结构。进行结构设计时需要做以下三个基本假设：

（1）结构的边界条件为周边切向和竖向支承，径向自由，单层网壳采用梁单元，撑杆采用杆单元，索采用只拉不压的杆单元。

（2）各环预应力拉索比值固定，比值根据如下公式求解[34]：

$$N_{\text{hc}j} = \begin{cases} (F_j + K_{j+1} N_{\text{hc}j+1})/K_j & (j = k-1, k-2, \cdots, 1) \\ F_n K_n & (j = n) \end{cases} \qquad (4\text{-}2\text{-}3)$$

$$K_j = 2\cos\gamma_j \dfrac{\cos\dfrac{\alpha_j}{2}}{\cos\dfrac{\beta_j}{2}} \qquad (4\text{-}2\text{-}4)$$

式中　F_j——第 j 道环索上方单层网壳等效节点荷载；

　　　N_{hcj}——第 j 道环向索的轴向力；

　　　α_j——第 j 道环索相邻索段的夹角；

　　　β_j——第 j 道环索位置处相邻径向索在水平面上投影的夹角；

　　　γ_j——第 j 道环索位置处径向索与竖向撑杆的夹角。

（3）按照弹塑性方法进行几何非线性静力分析。

在结构的设计过程中采用的荷载情况如表 4-2-1 所示，采用的荷载组合为：

1）1.35 恒载 ＋0.98 活载；

2）1.20 恒载 ＋1.40 活载；

3）1.0 永久荷载 ＋1.4 风吸力；

4）1.2 永久荷载 ＋1.4 风压力 ＋0.98 屋面活载/雪荷载；

5）1.2 永久荷载 ＋1.4 温度作用 ＋0.98 屋面活载；

6）1.2 永久荷载 ＋1.4 温度作用 ＋0.98 屋面活载/雪荷载；

7）1.2 永久荷载 ＋1.4 屋面活载 ＋0.98 风压力 ＋1.0 温度作用；

8）1.0 永久荷载 ＋1.4 屋面活载/雪荷载 ＋风吸力 ＋1.0 温度作用。

本工程计算采用 ANSYS 有限元程序，上弦单层网壳杆件采用 BEAM4 单元模拟，撑杆采用 LINK8 单元模拟，索及拉杆采用 LINK10 单元模拟，材料本构关系为理想弹塑性，对结构进行非线性静力计算。根据各种荷载组合作用下的静力计算结果，对结构构件强度、稳定进行验算，只有满足规范要求的标准结构才能用来进行施工分析。

（4）按照《空间网格结构技术规程》JGJ 7—2010 对弦支穹顶结构进行考虑材料弹塑性、初始几何缺陷的双重非线性稳定分析，得出的稳定临界荷载需满足要求。

弦支穹顶结构体系是半刚性的结构体系，依据国内外的研究成果[34,35]和本工程设计实际经验，整体稳定承载力是这类结构安全的控制因素。本节计算软件采用 ANSYS 有限元程序，杆件选取与静力计算相同。将线性屈曲分析得到的第一阶屈曲模态作为结构的最不利初始几何缺陷，其最大值为跨度的 1/300，材料本构关系为理想弹塑性，采用 Newton-Raphson 法对结构进行非线性屈曲分析。

弦支穹顶结构设计的荷载

表 4-2-1

荷载名称	荷载标准值
结构自重	由程序自动计算得到
屋面恒载	1.0kN/m^2
屋面活载	0.5kN/m^2
雪荷载	0.4kN/m^2
风荷载	风吸力：$w_k=\beta_z\mu_s\mu_z w_0=1.5\times0.70\times1.42\times0.55=0.7\text{kN/m}^2$ 风压力：$w_k=\beta_z\mu_s\mu_z w_0=1.5\times0.40\times1.42\times0.55=0.4\text{kN/m}^2$
温度作用	$\pm25°$

4.2.2.1　临时支撑的布置和截面参数选取

临时支撑的布置位置和数量是临时支撑能否在施工中发挥其应有作用的关键一环。临时支撑布置以满足施工阶段的结构强度和稳定的要求为原则，没有固定的模式。结构为轴心对称结构，以往实际施工中大部分采用满堂脚手架：每个节点下面均有支撑。从结构强度和稳定出发，往往不需要设置满堂脚手架，比如国家大剧院，其临时支撑系统是隔环布置，在相应环的网壳节点对应位置逐个布置。因此本节采用对称、隔环布置的原则，相应环满布。

4.2.2.2　临时支撑拆除卸载的基本方式

临时支撑的拆除卸载一般可采用各支承点同步卸载和多级循环卸载等方式。通常大跨度结构各个支承点下降位移是不相等的，因此同步卸载又分为同步等比例卸载和同步等值卸载两种方式。前者先计算自重下结构各支承点最终位移值，卸载时各点同步下降相同比例的距离。这种方法最为合理，但较为复杂，要求精度较高，不容易管理协调和操作。后者是各支承点按相同的沉降量同步进行卸载，要求全体操作人员在统一指挥下按相同步长值下降千斤顶。在卸载过程中由于各支承点沉降量不同，先脱离临时支撑由自身承重的点便可停止卸载操作，其他点继续下降，直到完全卸载完毕。这种方法在卸载初期同步性较好，但在后期随着部分临时支撑退出工作使得同步性较差。不过因其可操作性较强，常常在大型工程中被采用。

多级循环卸载即按照某一规定的方向，按顺序逐个对支撑进行卸载，且卸载量逐渐递增，并进行循环操作，最终完成卸载。对称结构可沿对称轴两侧同时进行。当支撑数量较多时，可对此方法进行改进，一般采用"部分区域同步，整体循环卸载"的方式。结构和临时支撑布置是轴对称的，因此可采取从内环到外环或者从外环到内环的方式进行卸载，或者按轴对称划分为若干区域：每环或每个区域同步，整体循环卸载。

4.2.3　弦支穹顶结构临时支撑拆除卸载必要性分析

实际结构工程中，有时为了简便起见，会将未脱离的临时支撑直接卸载。这在结构相对比较简单或刚度较大、临时支撑系统不是很复杂且受力不大的情况下，也不失为一种可用方法，但是对于像弦支穹顶结构这样非线性较强的超静定、半刚性结构来说，将临时支撑直接卸载是不妥当的。支承力在很短时间内减为零，对有质量的结构来说是一种随时间突变的荷载作用或突加荷载作用，根据结构动力学原理，可对结构进行瞬态动力分析来考虑惯性力和运动阻力的影响。瞬态动力学分析基本方程为：

$$[M]\{\ddot{u}\}+[C]\{\dot{u}\}+[K]\{u\}=\{F(t)\} \tag{4-2-5}$$

式中　$[M]$——质量矩阵；

　　　$[C]$——阻尼矩阵；

　　　$[K]$——刚度矩阵；

　　　$\{\ddot{u}\}$——节点加速度向量；

　　　$\{\dot{u}\}$——节点速度向量；

　　　$\{u\}$——节点位移向量；

　$\{F(t)\}$——随时间变化的荷载作用向量。

为了考察直接卸载方式和慢速卸载方式对弦支穹顶结构的影响，选择突然卸载（卸载时间很短）、直接卸载（卸载时间较短）及慢速卸载（拟静力卸载）三种卸载方式进行比较，考虑到临时支撑可能会出现突然失效等偶然因素并且卸载速度有时难以掌握，根据工程经验分别选取了 $t_r=0.01s$、$0.05s$、$0.50s$、$1.00s$ 和 $2.00s$ 卸载荷载作用时间进行分析。

表 4-2-2 给出了具体工况以及对应的卸载荷载作用时间。

卸载荷载作用时间　　　　　　　　　　　　　　　　　表 4-2-2

卸载方式	突然卸载 1	突然卸载 2	直接卸载 1	直接卸载 2	直接卸载 3	慢速卸载
力学分析类型	瞬态分析	瞬态分析	瞬态分析	瞬态分析	瞬态分析	拟静力分析
作用时间 t_r (s)	0.01	0.05	2.00	1.00	0.50	—

4.2.3.1　分析模型

本节计算模型是跨度为 90m、矢高为 15m、垂跨比为 0.466 的弦支穹顶结构。单层网壳的周边环杆截面采用 $\phi300\times10$ 钢管，第 5 环单层网壳环杆截面采用 $\phi250\times10$ 钢管，其他单层网壳杆件采用 $\phi203\times10$ 钢管；撑杆采用 $\phi125\times6$ 钢管；6 道径向索和 6 道环向索均采用钢绞线 7×4。钢管和索的弹性模量 E_1、E_2 分别为 $2.1\times10^8\,kN/m^2$、$1.8\times10^8\,kN/m^2$。

根据预应力设计原则[34]，编制了可以计算各环预应力比值的程序 PREPM，计算出该结构形式的 8 环预应力比值为（由外而内）：1423∶1209∶1036∶438∶317∶228∶57∶1。由比值可知，内两道环索预应力比值很小，在该位置设置拉索对结构贡献不大，反而容易松弛，施工中也不易控制，因此内两环不设置拉索。第 1～6 道环索预应力设计值比值为 6.3∶5.31∶4.56∶1.92∶1.39∶1.00，其中最外环环索预拉力设计值为 200kN。满布的临时支撑截面为 $\phi250\times10$（数值模型中简化为 1m 长标准支撑）。对结构进行缺陷双重非线性稳定分析，得到的结构临界稳定系数和最大组合应力比（包括强度和稳定）均符合标准结构的定义，可作为数值计算模型使用。

用 ANSYS 程序对结构进行动力响应时程分析时，节点自重按总重的 25% 折算成质量块施加到单层网壳节点上，支座节点上的质量块质量为 126kg，单层网壳其他节点上的质量块质量为 151kg。由考虑预应力效应的动力模态分析算得第 1 阶振型频率为 3.341Hz，由此频率计算出 $\alpha=0.8397$、$\beta=0.0019$。

该弦支穹顶结构采用各环同步张拉施工方法，且一次张拉到位。张拉全过程分析完毕时，只有最外环临时支撑尚未脱离主结构，其支承力均为 28kN。可将 z 向 28kN 支承力作用在外环支承点处，代替尚未脱离主结构的最外环临时支撑的作用，然后对该已无临时支撑支承的结构进行卸载模拟分析，其中，卸载模拟分析方法可根据卸载时间的长短确定采用瞬态分析方法或拟静力分析方法，具体见表 4-2-2。将临时支撑 z 向的支承力作用称为卸载荷载。

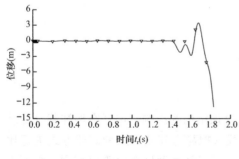

图 4-2-1　位移时程曲线

4.2.3.2　$t_r=0.01$s 作用时间下对结构性能的影响

将 z 方向的 28kN 卸载荷载作用于支承点处，作用时间为 0.01s，对结构进行瞬态分析。图 4-2-1 给出了此种荷载作用下 96 节点的位移时程响应曲线。由该曲线可知，节点在 1.43s 之后出现运动发散，结构在该点处已局部失稳；从图 4-2-2（a）可知，此时内环索编号为 644、645 的两节点严重偏离初始位置，已局部失稳。

表 4-2-3 给出了 t_r＝0.01s 卸载荷载作用时间下结构的弹塑性响应。从该表可以看出，t_r＝0.01s 作用时间下，结构最大应力比值已达到 100％承载能力。

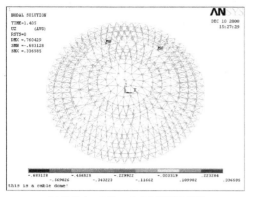

(a) 结构在t_r=0.01s、1.405s时刻的变形

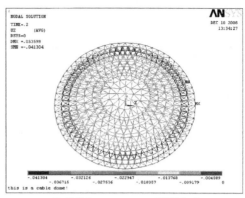

(b) 结构在t_r=0.05s、0.2s时刻的变形

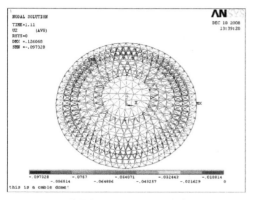

(c) 结构在t_r=1s、1.705s时刻的变形

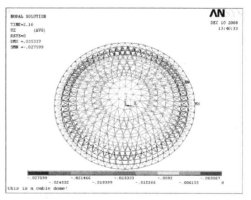

(d) 结构在t_r=2s、2.16s时刻的变形

图 4-2-2　弦支穹顶整体弹塑性变形图

结构在卸载荷载作用下的弹塑性响应　　　　　　　　　　　表 4-2-3

t_r（s）	振动状态	最大位移出现时刻（s）	最大位移出现点	最大位移值（m）	最大应力比值
0.01	发散	1.82	斜索节点	12.803	1.000
0.05	稳定	0.20	92	0.042	0.460
0.50	稳定	0.63	92	0.044	0.264
1.00	稳定	1.11	92	0.034	0.208
2.00	稳定	2.16	92	0.030	0.185
拟静力卸载	稳定	3.00	92	0.027	0.168

4.2.3.3　不同卸载方式对结构性能的影响

图 4-2-3 给出了卸载荷载作用时间 t_r 分别为 0.05s、0.5s 和 2s 下节点 96 的位移时程曲线。由图可知，在 0.05s、0.5s、2s 作用时间下节点只有振幅的不同，随着作用时间的减小，振动振幅加大，但振动不发散。从图 4-2-2 所示的弦支穹顶弹塑性整体变形同样可看出这种特性：随着作用时间减小，临时支撑位置处的上部节点振动加大。表 4-2-3 给出

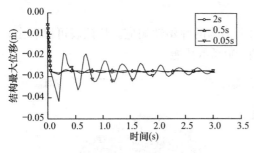

图 4-2-3 位移时程曲线

了结构在 0.05s、0.5s、2s 卸载荷载作用下的弹塑性响应值。由该表可知在 0.05s、0.5s、2s 卸载荷载中，0.05s 卸载荷载作用下结构的应力比和位移最大，随着作用时间的增加，卸载荷载对结构的影响依次减小，越来越接近拟静力卸载下的响应值。

由以上分析可知，卸载时间对结构动力响应的影响很大：时间 t_r 越长，动应力和动位移越小，对结构性能的影响越小；时间 t_r 越短，动内力和动位移越大，对结构性能的影响越大；卸载时间短到一个临界时间 t_{rcr} 将会导致结构局部失稳，进而引起结构整体失效。因此，可将临界卸载时间 t_{rcr} 定义为结构临时支撑卸载拆除的结构失效预警参数。本算例的临界卸载时间 t_{rcr} 为 0.01s。

虽然在 $t_r=0.5\sim2s$ 卸载荷载作用时间内（>t_{rcr}），结构动位移和动力均没有超出设计值，但均大于其静力响应值，并且实际结构由于制作、安装误差等存在各种缺陷，有缺陷结构在动荷载作用下往往更不利，进一步说明，如果采用直接卸载，操作上很难掌握具体的临界卸载时间 t_{rcr}，一旦超过安全的临界卸载时间 t_{rcr}，则存在一定的危险。因此从以上角度考虑，对结构进行分阶段慢速卸载，即卸载时间 $t_r>t_{rcr}$，是一种合理、安全的卸载方式。

实际上，临时支撑拆除的临界时间 t_{rcr} 与临时支撑的反力密切相关，反力越大，t_{rcr} 越大，因此，对于大跨度的结构临时支撑拆除时间控制尤为重要。

4.2.3.4 卸载失效模式和预警

从上述算例分析可知，临时支撑卸载不当或过快（$t_r\leqslant t_{rcr}$）可能引起结构失效。结构卸载失效模式为局部失稳引起的整体失稳，失稳点为拆除支撑处对应的网壳节点。支承处网壳节点振动发散为结构卸载失效的具体模式。因此，对弦支穹顶结构临时支撑拆除过程的卸载失效预警参数为卸载临界时间 t_{rcr} 和支承处网壳节点的振幅，即通过确定临界卸载时间 t_{rcr} 和观察该点的振动效应，可对临时支撑拆除过程进行预警，防止结构失稳。

4.2.4 弦支穹顶结构临时支撑拆除卸载方案比较

在同步卸载和多级循环卸载两种卸载方式中，以同步卸载方式为最佳。对于大跨度空间结构，同步卸载可以使结构受力体系转换更加趋于平缓，内力重分布更加均匀，减少由于沉降不均所产生的结构内力突变，以及临时支撑上作用的荷载骤然增大导致结构及支撑损坏的可能性，但同时也是最难实现的。一般大跨度结构的施工场地较大，要做到精确同步卸载很难，现场的管理协调难度极大，对操作人员技术素质要求较高。因此在确定支撑拆除卸载方案时，还要根据施工场地的实际条件和结构的特点确定一种便于实施的卸载方案，通过计算分析论证方案的可行性和安全性，并要对卸载全过程进行严密的应力、变形监测。

4.2.4.1 评价指标

判别弦支穹顶结构临时支撑拆除卸载方案是否可行、方案的优劣，需要合理的评价方法，即选择哪些参数指标来反映卸载中、卸载后结构的性能。对于研究弦支穹顶结构的性能来说，内力和位移都是要考察的对象。鉴于临时支撑属于相对次要的附属结构，所以应重点考察主体结构的响应。弦支穹顶结构上层单层网壳是刚性连接，但弯矩、剪力与轴力相比很小，应重点考察轴力的变化。另外，网壳节点的竖向变形亦应为考察的主要对象。总之，一种合理的卸载方案应使施工过程中的结构应力状态和变形状态处于安全的范围内，且结构本身处于最优的受力状态。结构性能评价参数有：

（1）杆件轴力

在卸载过程中，拉索和杆件的最大内力一般不会超过设计应力，还应不超过预应力平衡态下的设计内力太多，定义 α 为轴力卸载指标：

$$\alpha = \frac{N_{max}}{F} \tag{4-2-6}$$

α 越接近 1 越好，其中 N_{max} 为卸载过程中杆件的最大内力，F 为杆件的内力设计值。

（2）杆件轴力/结构位移偏差

定义 β_F 为卸载完毕后结构的内力与预应力态设计值的偏差：

$$\beta_F = \frac{(N-F)}{F} \tag{4-2-7}$$

定义 β_U 为卸载完毕后结构的位移与预应力态设计值的偏差：

$$\beta_U = \frac{(D-U)}{U} \tag{4-2-8}$$

式中 　N——卸载完毕网壳轴力；

　　　　D——卸载完毕各点位移量；

　　　　U——设计态各点位移量。

卸载完毕后，结构的内力、位移与预应力态设计值的偏差 β_F、β_U 应在工程允许精度范围内，一般来说，不应超过 5%。

（3）杆件轴力/结构位移变化方式

一般来说，结构卸载引起的内力重分布必然导致结构杆件内力的变化，从结构安全和操作方便的角度考虑，结构内力、位移变化应平缓、其变化量不应有突变。定义 γ 轴力增量比：

$$\gamma = \frac{\Delta N_{i,i+1}}{N_i} \tag{4-2-9}$$

式中 　$\Delta N_{i,i+1}$——相邻两卸载步之间的轴力变化量；

　　　　N_i——前一个卸载步的轴力值。

如果卸载过程中，轴力是非直线下降方式，则增量比 γ 不宜太大。

（4）卸载步数 m 和设备数量 n

从节约人力、物力资源，节省施工成本等经济角度出发，卸载施工所需的卸载步数 m 和设备数量 n 尽可能少。

4.2.4.2　弦支穹顶结构参数分析模型

本节计算模型是跨度为 90m、矢高为 15m、垂跨比为 0.466 的弦支穹顶结构。单层网壳的周边环杆截面采用 $\phi300\times10$ 钢管，第 5 环单层网壳环杆截面采用 $\phi250\times10$ 钢管，其他单层网壳杆件采用 $\phi203\times9$ 钢管；撑杆采用 $\phi115\times6$ 钢管；6 道径向索和 6 道环向索分别采用钢丝绳 5×37、5×55；临时支撑截面为 $\phi250\times10$ 钢管（在模型中简化为 1m 长标准支撑）。钢管和索的弹性模量 E_1、E_2 分别为 $2.1\times10^8 kN/m^2$、$1.8\times10^8 kN/m^2$。第 1～6 道环索预应力设计值比值为 $6.23:5.31:4.56:1.92:1.39:1.00$，其中第 1 道环索预应力设计值为 120kN。

对结构进行考虑初始缺陷的双重非线性稳定分析得到的结构临界稳定系数，以及对结构进行非线性静力计算得到的最大组合应力比（包括强度和稳定）均符合标准结构的定义。因此，该结构可作为本节的数值计算模型使用。结构数值计算模型、节点单元编号、临时支撑布置及支承点编号如图 4-2-4 所示。

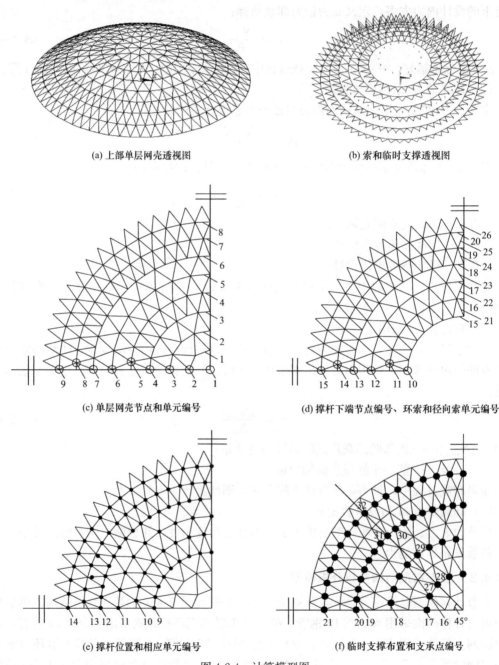

(a) 上部单层网壳透视图　　　　　　　　(b) 索和临时支撑透视图

(c) 单层网壳节点和单元编号　　　　(d) 撑杆下端节点编号、环索和径向索单元编号

(e) 撑杆位置和相应单元编号　　　　(f) 临时支撑布置和支承点编号

图 4-2-4　计算模型图

在结构预应力张拉完毕后，针对 N（$1 \leqslant N \leqslant 6$）环临时支撑无法自动卸载的情况，本节编制计算程序 UNLOADPM（Unloading program），可考虑以不同的卸载方式完成对临时支撑的慢速卸载模拟。临时支撑卸载模拟步骤如下：

（1）按照结构的初始预应力态建模，按照施工进程对结构进行非线性静力计算。

（2）根据静力计算的结果判断哪些支撑尚未脱离主体结构。

（3）针对尚未脱离主体结构的临时支撑选择一种卸载方式：如选择循环分级卸载，则继续步骤（4）；如选择等比例卸载，则继续步骤（5）；如选择等值卸载方式，则继续步骤（6）。

（4）设定卸载级数，并将临时支撑划分为不同的卸载区域。对所有区域先进行第 1 级卸载计算，判断哪些区域的支撑尚未卸载，然后对该类支撑进行第 2 级卸载，再次判断哪些区域的支撑尚未卸载，然后对该类支撑进行第 3 级卸载……反复进行此循环操作，直到全部区域的临时支撑卸载完毕。

（5）设定卸载级数，对所有临时支撑先进行逐级等比例卸载计算，直到全部区域的支撑卸载完毕。

（6）设定卸载级数，对所有未脱离的临时支撑先进行第 1 级等值卸载计算，然后判断哪些支撑尚未脱离，对未脱离的支撑进行第 2 级等值卸载计算，然后判断哪些支撑尚未脱离，对未脱离的支撑进行第 3 级等值卸载计算……反复进行此循环操作，直到全部区域的支撑卸载完毕。

卸载模拟计算程序 UNLOADPM 流程如图 4-2-5 所示。

4.2.4.3　不同卸载方式的卸载过程分析

1. 等比例同步卸载

弦支穹顶结构张拉完毕时，一般只有外环支撑有支承力或若干环有支承力两种情况。本节针对较为复杂的第二种情况，对临时支撑进行等比例同步卸载。支承点编号如图 4-2-4（f）所示，结构张拉完毕各支承点反力如表 4-2-4 所示。

按照等比例卸载原则对该弦支穹顶临时支撑进行拆除卸载。压缩量计算方法见参考文献 [33]。实际计算中，可以对比结构在施加临时支撑前后的理论变形值，二者差值为压缩量的线性估计值。每一步卸载量为先前确定最终量的 1/8，共分为 8 轮，每轮支承同步卸载。计算结果如图 4-2-6、图 4-2-7 及表 4-2-4 所示。为了表达的方便，n 代表节点或单元编号，step 代表卸载步。

图 4-2-6（a）给出了支承力分布，由图可看出各个支承点上作用力的分布情况，其中外环支承反力最大，内环支承反力最小。图 4-2-6（b）给出了支承点作用力变化，由图可知，随着卸载的不断进行，各支撑作用力不断均匀减小，最后同时脱离主结构。

图 4-2-7（a）给出了支承点竖向位移分布图，图 4-2-7（b）给出了支承点竖向位移变化图。由 4-2-7（a）可知，卸载后以支承点 23 的位移值最大，其他各点相差不大。由图 4-2-7（b）可以看出，各点位移变化为直线。同时，通过结构的内力跟踪计算可知，在整个卸载过程中，结构的内力变化平缓、内力值较小，且未超过设计状态内力，因此，符合设计要求。

图 4-2-8（a）给出了单层网壳的位移分布，由图可知，单层网壳各节点在卸载初始时位移分布较一致，随着临时支撑卸载的进行，各点位移值逐渐产生差异，最终节点 2 的位移最大，其他点相差不多。由图 4-2-8（b）单层网壳位移变化图可知，卸载过程中各点位

移呈直线下降状态。

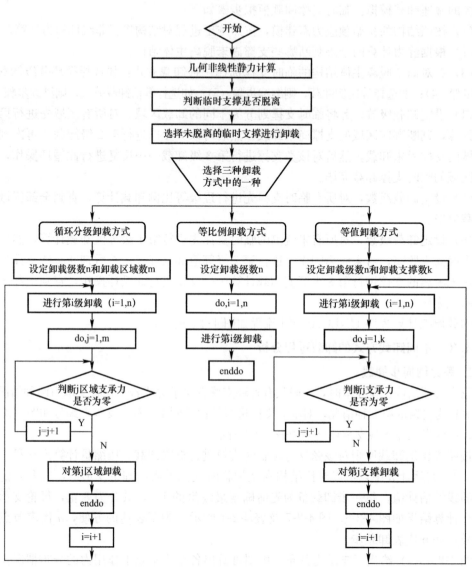

图 4-2-5　卸载模拟程序流程

张拉完毕时临时支撑的支承反力　　　　　　　表 4-2-4

支承点编号	位置	竖向支承力（N）
16	第 7 环	22881
17	第 5 环	15815
18	第 5 环	2021
19	第 3 环	9515
20	第 2 环	2857
21	第 2 环	2900

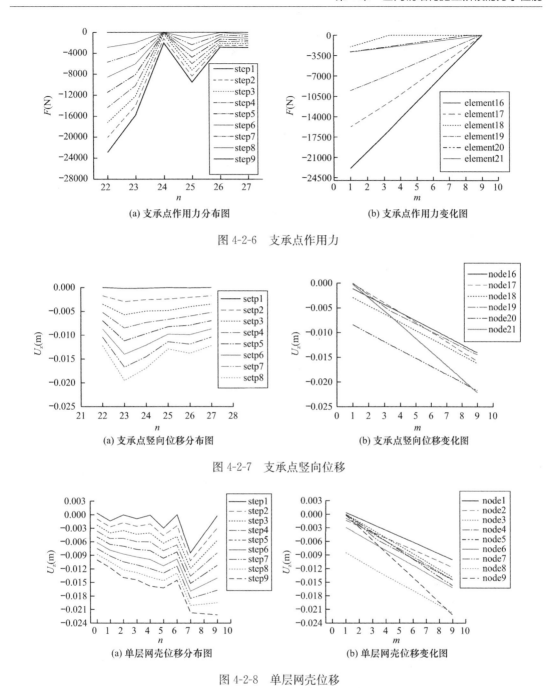

(a) 支承点作用力分布图　　　　　(b) 支承点作用力变化图

图 4-2-6　支承点作用力

(a) 支承点竖向位移分布图　　　　(b) 支承点竖向位移变化图

图 4-2-7　支承点竖向位移

(a) 单层网壳位移分布图　　　　　(b) 单层网壳位移变化图

图 4-2-8　单层网壳位移

图 4-2-9（a）给出了单层网壳轴力分布，由图可知，单层网壳单元轴力在卸载之初分布差异较大，卸载后分布差异较小。临时支撑所在环的杆件轴力较小，其他杆件内力较大。图 4-2-9（b）给出了单层网壳单元轴力变化。随着卸载的进行，较大内力杆件的内力数值逐渐减小，而较小内力杆件的内力数值也有小幅度减小，最终各个杆件内力逐渐趋于一致。整个卸载过中结构的内力和位移均满足要求。

图 4-2-10（a）给出了撑杆位移分布，图 4-2-10（b）给出了撑杆位移变化。由图 4-2-10（a）、（b）可知，撑杆位移分布、变化与单层网壳节点位移分布、变化不同，前者位移最

大值出现在次内环节点处，后者位移最大值出现在最外环节点处。由图 4-2-10（b）撑杆位移变化可知，在卸载过程中，撑杆位移是直线下降的。

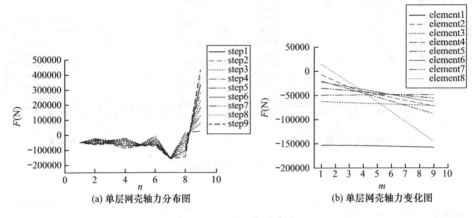

(a) 单层网壳轴力分布图　　　　　　(b) 单层网壳轴力变化图

图 4-2-9　单层网壳轴力

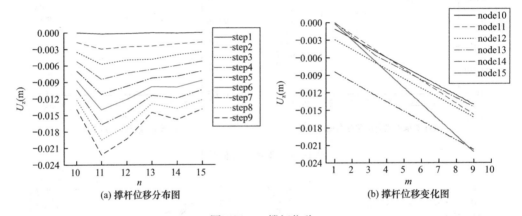

(a) 撑杆位移分布图　　　　　　(b) 撑杆位移变化图

图 4-2-10　撑杆位移

图 4-2-11（a）给出了撑杆轴力分布，图 4-2-11（b）给出了撑杆轴力变化。由图 4-2-11（a）可知，撑杆的轴力分布在卸载之初差异较大。临时支撑所在环的杆件轴力较小，没有设置临时支撑处的杆件轴力较大。由图 4-2-11（b）可知，随着卸载的进行，较大内力杆件内力减小，而较小内力杆件内力增大，最终各个杆件内力值连线逐渐趋于平滑曲线。在整个卸载过中，结构的内力和位移均是安全的。

图 4-2-12（a）给出了环索内力分布，图 4-2-12（b）给出了环索内力变化。设置临时支撑部位的环索受该临时支撑的影响比较大，在卸载过程中，环索内力变化也和临时支撑的位置有关。由图 4-2-12（a）可知，卸载之初环索的内力分布很不均匀，随着卸载进行此现象有所改善。环索最大内力出现在第 2 环环索中，最小为第 5 环环索。由图 4-2-12（b）可知，随着卸载的进行，H1、H3、H5 增加，H2、H4、H6 减少，这与临时支撑的隔环布置有关。

图 4-2-13（a）给出了环索内力分布，图 4-2-13（b）给出了环索内力变化。由图 4-2-13（a）、（b）可知，径向索内力分布和径向索内力变化与环索相仿。根据计算结果，表 4-2-5 给出了该卸载方式下的评价指标。

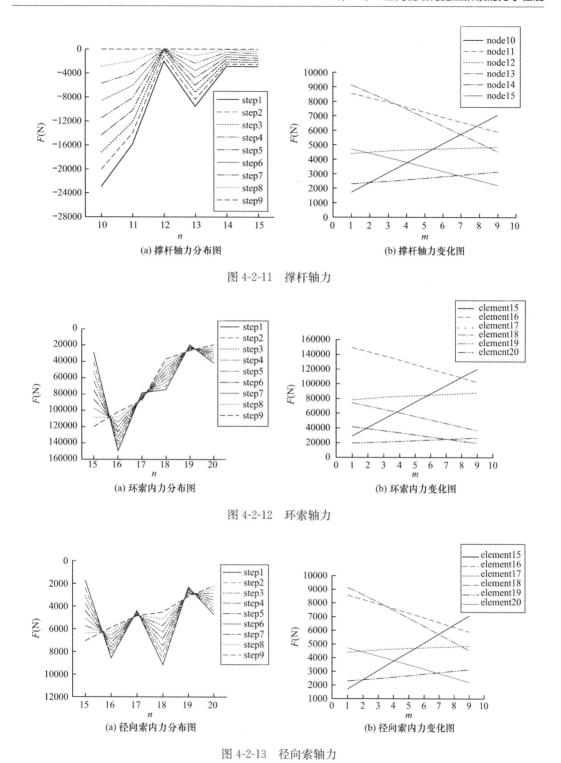

(a) 撑杆轴力分布图　　　(b) 撑杆轴力变化图

图 4-2-11　撑杆轴力

(a) 环索内力分布图　　　(b) 环索内力变化图

图 4-2-12　环索轴力

(a) 径向索内力分布图　　　(b) 径向索内力变化图

图 4-2-13　径向索轴力

2. 等值同步卸载

对本节临时支撑体系进行等值同步卸载，即将卸载步分为 13 轮，各个支撑每轮的卸载量相同且为 2mm，直至卸载完毕。

等比例卸载指标　　　　　　　　　　　　　　　　　表 4-2-5

杆件类别	α	轴力变化方式	β_F	β_U	n	m
单层网壳	小于 1	直线	0.1%	0.0%		
撑杆	3.71	直线	1.2%	1%		
环索	2.14	直线	0.03%	—	8	176
径向索	2.14	直线	1.9%	—		

图 4-2-14 (a)、(b) 分别为支承点内力分布图和支承点内力变化图。由图 4-2-14 可知，等值同步卸载过程和等比例卸载在内力分布、内力变化趋势上有相似之处。需要指出的是，等值同步卸载过程中，在第 2 步卸载后，第 3 支撑支承力为零，脱离主结构；随着卸载的进行，上部结构节点位移继续下降，该支撑在第 3 步卸载中再次与主结构接触，重新产生支承力；在进行完第 4 步卸载后，该支撑脱离主结构，达到该支撑的最终卸载状态。第 5 支撑在进行完第 3 步卸载后，已脱离主结构，但和支撑 3 类似，该支撑在第 6 步卸载后重新与主结构接触，再次产生支承力，并在下一卸载步中被彻底卸载，退出工作。在卸载过程中，支撑 2 也表现出类似的现象。

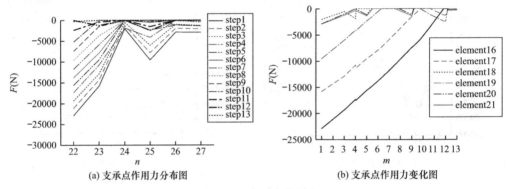

(a) 支承点作用力分布图　　　　　　　　(b) 支承点作用力变化图

图 4-2-14　支承点作用力

由上述内容可知，部分临时支撑接触—脱离—接触反复出现，导致结构体系反复转变，结构内力重分布。图 4-2-15 (a)、(b) 分别为单层网壳内力分布图、单层网壳内力变化图，和等比例卸载相比，单层网壳内力分布、变化曲线不再呈直线走向，而是较为复杂的曲线，且曲线不光滑，在临时支撑出现接触、脱离交替的卸载步位置，曲线出现尖点。比较等值卸载和等比例卸载后的单层网壳最终内力值可知，前者比后者偏大。

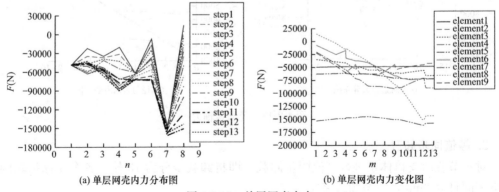

(a) 单层网壳内力分布图　　　　　　　　(b) 单层网壳内力变化图

图 4-2-15　单层网壳内力

　　图 4-2-16～图 4-2-20 分别给出了单层网壳位移、撑杆内力、撑杆位移、环索内力、径向索内力的分布及变化情况。从图 4-2-16～图 4-2-20 中可以看出，部分临时支撑的接触—脱离—接触引起的内力重分布同样影响了撑杆、拉索内力以及结构位移的分布和变化，其影响方式与对单层网壳内力的影响方式类似，即曲线可能产生一些平台和尖点。

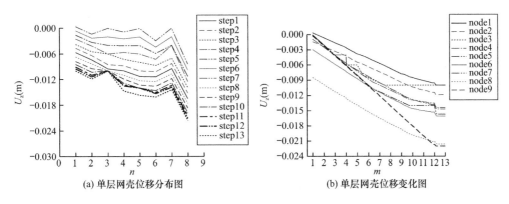

图 4-2-16　单层网壳位移

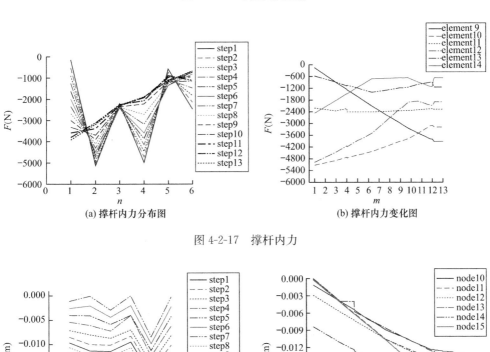

图 4-2-17　撑杆内力

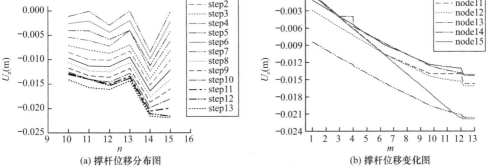

图 4-2-18　撑杆位移

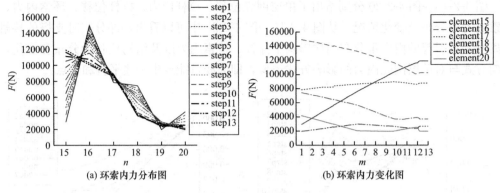

图 4-2-19　环索内力

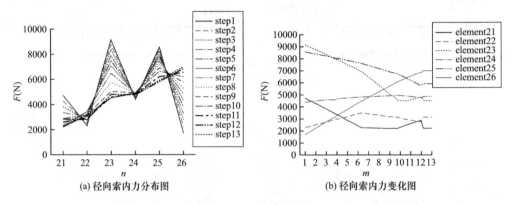

图 4-2-20　径向索内力

根据计算结果可得出该卸载方式下的评价指标，如表 4-2-6 所示。

等值卸载指标　　　　　　　　　　　　　　　表 4-2-6

杆件类别	α	轴力变化方式	β_F	β_U	n	m
单层网壳	小于 1	直线	31.8%	27.8%		
撑杆	3.68	直线	0.9%	0.0	13	176
环索	2.13	直线	0.7%	—		
径向索	2.13	直线	2.4%	—		

3. 逐环卸载

弦支穹顶结构和临时支撑系统均是多轴对称的，逐环卸载就是按照每环支撑同步、各环支撑循环的卸载方式。常用的卸载方法有两种：

（1）从内环向外环逐环卸载；

（2）从外环向内环逐环卸载。

若卸载某一环临时支撑后，该临时支撑的支承力将分担给网壳的其他杆件或其他临时支撑，则其他各环网壳杆件内力和临时支撑内力可能增大。若采取（1）卸载方法，先卸载内环，则外环临时支撑内力可能增大，而外环临时支撑在卸载前内力已较大，因此由内而外的卸载方法对结构受力不利，而从外环开始卸载对结构受力相对有利，即应采取（2）卸载方法。该卸载分 6 级进行，共需 24 步循环、64 台卸载设备。

从支承点内力分布图 4-2-21（a）可以看出，卸载前外环临时支撑支承力最大，在第 2 步卸载完毕后，第 2 环临时支撑支承力最大，支承力的分布变化很大，在后续卸载中，支承力的分布也不断变化。从支承点内力变化图 4-2-21（b）可知，临时支撑的内力在卸载过程中折线下降。在第 1 级、第 1 环卸载后，结构各点下沉，结构内力重分布，其他各环临时支撑的内力增大；在第 1 级、第 2 环卸载后，其他各环临时支撑支承力增加。在后续卸载中，有类似现象出现，但支承力变化幅度不大；整个卸载过程中，支承力没有接触—脱离—接触反复出现。

图 4-2-22～图 4-2-27 分别给出了单层网壳位移、单层网壳内力、撑杆内力、撑杆位移、

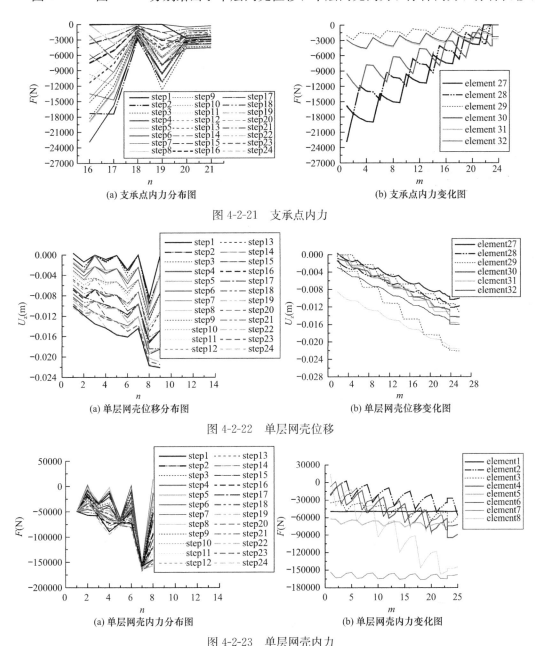

图 4-2-21　支承点内力

图 4-2-22　单层网壳位移

图 4-2-23　单层网壳内力

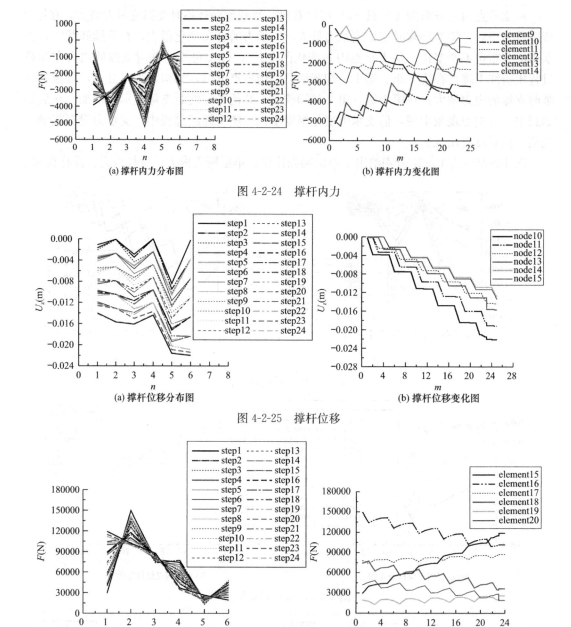

图 4-2-24　撑杆内力

图 4-2-25　撑杆位移

图 4-2-26　环索内力

环索内力及径向索内力的分布和变化情况。由于各环支撑卸载的不同步性和交替性导致单层网壳、撑杆的内力和位移以及环索、径向索内力曲线呈折线形走向，且同一临时支撑在相邻卸载步之间的内力差值较大。

根据计算结果，表 4-2-7 给出了该卸载方式下的评价指标。

4. 分区域对称卸载

结构和支撑系统是多轴对称的，将整个支撑系统按照 x、y 轴分为对称的 4 个区域，并按照对角区域同组的原则，共分为 2 组，一组内的支撑同步等比例卸载，然后在 2 组中循环，循环共分为 6 级，整个卸载过程共需 12 步完成。

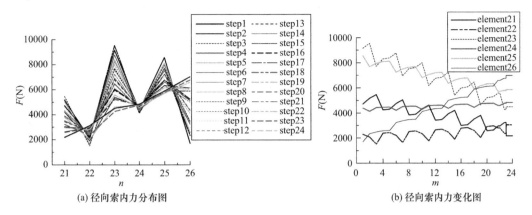

(a) 径向索内力分布图　　　(b) 径向索内力变化图

图 4-2-27　径向索内力

逐环卸载指标　　　　　　　　　　　　　　　　　　　　表 4-2-7

杆件类别	α	γ	β_F	β_U	n	m
单层网壳	小于 1	0.38	3	2.8	12	88
撑杆	3.73	0.50	1.4	0.6		
环索	2.45	0.21	0.4	—		
径向索	2.48	0.21	1.7	—		

图 4-2-28（a）给出了支承点内力分布，图 4-2-28（b）给出了支承点内力变化。从图 4-2-28 (a)可以看出，各支撑支承力分布差异较大，随着卸载的进行，此差异越来越小，最终均达到支承力分布一致，即临时支撑均脱离主结构。从图 4-2-28（b）可知，相邻卸载步之间的影响很大：在进行第 1 级卸载时，结构各点下沉，内力重分布，被卸载临时支撑内力减小，其他非卸载支撑的内力增大；在进行第 2 级卸载时，被卸载临时支撑内力减小，其他非卸载支撑内力增大，且在后续卸载中，类似现象不断出现。在整个卸载过程中，支撑与主结构接触—脱离—接触交替出现，对卸载中的结构受力不利。

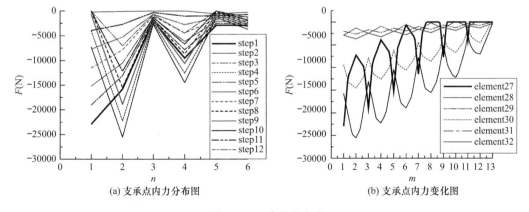

(a) 支承点内力分布图　　　(b) 支承点内力变化图

图 4-2-28　支承点内力

由图 4-2-28（a）可知，分区域对称卸载的最大支承力出现在第一步卸载后，而在逐环卸载方式下，支承力最大值出现在卸载之前。

图 4-2-29～图 4-2-34 给出了单层网壳位移、单层网壳内力、撑杆内力、撑杆位移、环索内力和径向索内力的分布和变化情况。由于各区域支撑卸载的不同步性和交替性导致单层网壳、撑杆的内力和位移以及环索、径向索内力曲线呈折线形走向；同一临时支撑在相邻卸载步之间的内力差值较大。上述现象和逐环卸载过程中的现象有些类似，这是因为二者本质上均属于分区卸载方式，只是具体的分区方法不同。

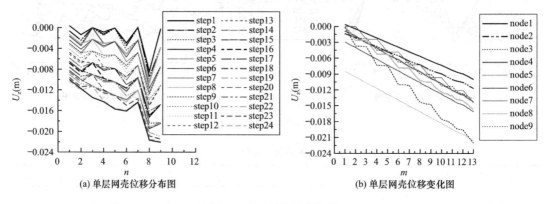

(a) 单层网壳位移分布图　　　(b) 单层网壳位移变化图

图 4-2-29　单层网壳位移

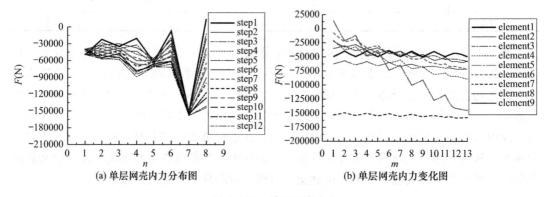

(a) 单层网壳内力分布图　　　(b) 单层网壳内力变化图

图 4-2-30　单层网壳内力

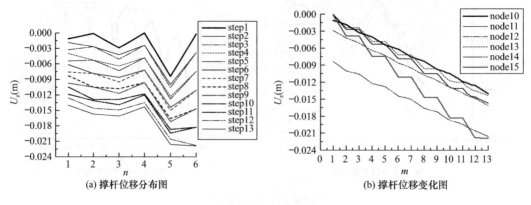

(a) 撑杆位移分布图　　　(b) 撑杆位移变化图

图 4-2-31　撑杆位移

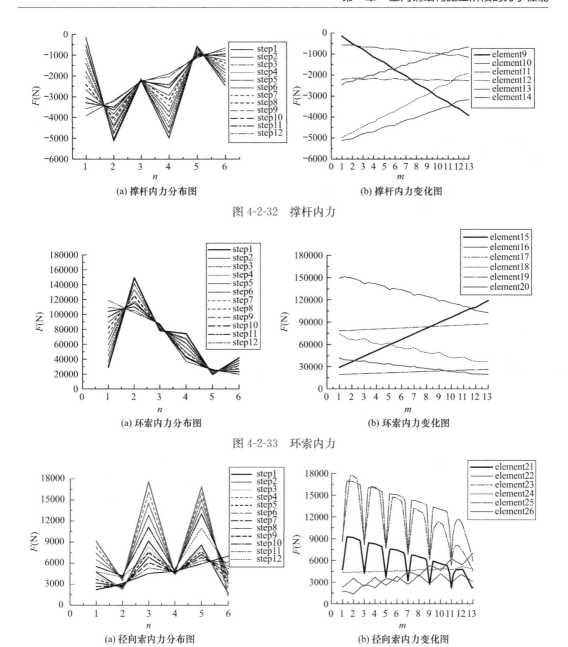

(a) 撑杆内力分布图　　　　　　(b) 撑杆内力变化图

图 4-2-32　撑杆内力

(a) 环索内力分布图　　　　　　(b) 环索内力变化图

图 4-2-33　环索内力

(a) 径向索内力分布图　　　　　(b) 径向索内力变化图

图 4-2-34　径向索内力

根据计算结果，表 4-2-8 给出了该卸载方式下评价指标。

分区域循环卸载指标　　　　　　　　　　　表 4-2-8

杆件类型	α	γ	β_F	β_U	n	m
单层网壳	小于 1	0.25	9.3%	2.8%		
撑杆	3.73	0.25	1.5%	0.6%		
环索	2.15	0.20	0.7%	—	24	64
径向索	4.01	2.2	3.6%	—		

4.2.4.4 不同卸载方式对弦支穹顶结构性能的影响

根据卸载中结构内力和位移的变化趋势，可将以上四种卸载方式分为直线型和曲线型。等比例卸载和等值卸载属于直线型，在卸载过程中，结构的内力转换平缓，对结构有利，二者所需的卸载步均较少、设备均较多。从等比例卸载和等值卸载指标表中可知，二者卸载过程中结构的各项评价指标差异较大，等值卸载指标远不如等比例理想。分区卸载和逐环卸载属于曲线型的卸载方式，二者相比，虽然逐环卸载方式所需的卸载步数有所增加，但二者杆件轴力比 α 较为接近，γ、β_F 差别亦不大，且逐环卸载所需的设备比分区卸载少，因此逐环卸载方式比分区卸载方式有利。综合来看，逐环卸载比等比例卸载所需设备少、易操作，因此以逐环卸载方式最为理想。

4.2.5 小结

几乎所有大型复杂钢结构施工过程中都要使用临时支撑，而且临时支撑是施工过程中的主要受力构件。临时支撑拆除卸载应是一个逐步进行的过程，在这个过程中，结构边界条件、受力体系发生转变，内力重分布，主体结构和临时支撑相互作用，受力状态一直发生变化，而且很有可能出现局部内力突然增大的不利情况，这就需要考虑受力变化带来的主体结构和临时支撑结构的安全性问题。

（1）通过对弦支穹顶结构施工中临时支撑拆除卸载验算的必要性进行了数值模拟分析，并选择直接卸载、突然卸载、慢速卸载三种卸载方式进行比较，计算结果表明，采用直接卸载方式操作上很难掌握具体的卸载时间，特别是临界卸载时间 t_{rcr}，一旦卸载过快，则存在一定的安全风险，采用分阶段慢速卸载（$t_r > t_{rcr}$）是一种合理、安全的卸载方式；临时支撑卸载不当可能引起结构失效，失效模式为局部失稳，预警参数为临界卸载时间 t_{rcr} 和支承处网壳节点振动，失效特征为支承处网壳节点出现较大幅度的振动甚至发散。

（2）提出了以杆件轴力、杆件轴力/位移偏移量、杆件轴力/位移增减过度状况和卸载步数及设备数量等作为判断卸载是否合理的判别指标。

（3）采用所提出的判别指标，对同步卸载和多级循环两类卸载方式（包括四种具体方式）对结构性能的影响进行了详细的对比分析，计算结果表明，如采用直线型的卸载方式——等比例卸载和等值卸载，结构内力转换平缓，对结构受力有利，但是等值卸载各项评价指标不如等比例理想；如采用曲线型的卸载方式——分区卸载和逐环卸载，二者所需的卸载步数有差异，但二者杆件轴力比 α 较为接近，其 γ、β_F 差别总体偏小，且逐环卸载所需的设备比分区卸载少，因此逐环卸载方式比分区卸载方式有利。整体来看，以逐环卸载方式最为理想。

4.3 施工期参数分析

参数分析是系统了解结构受力特点的一个有效手段。从弦支穹顶结构应用于实际工程开始，不断有学者针对弦支穹顶结构的各种参数，如网壳类别、矢跨比、预应力、缺陷因素以及各种动力因素进行研究[37-43]。这些参数分析在充实弦支穹顶结构理论的同时也逐步完善人们对使用阶段结构静力性能和动力性能的认识，但针对弦支穹顶结构施工过程的分析大部分文献集中在对施工全过程分析上，而针对弦支穹顶结构施工过程的参数分析尚未形成系统研究，还难以确切把握施工过程中施工参数变化对结构性能的影响。同时介绍了临时支撑卸载方式对施工过程的显著性影响，展示了卸载方式对施工中结构性能的影响，并得出最好的卸载方式。事实上，卸载方式只是施工参数中的一种，有必要补充更多的弦支穹顶结构施工参数，提出可供结构概念分析和设计参考的结论。

本节在施工阶段理论分析的基础上，归纳出弦支穹顶结构的施工参数类别和评价施工过程结构性能的指标；采用弦支穹顶结构施工找形程序 SCAP 全面分析施工参数对结构受力性能的影响；综合参数取值对结构性能的影响，给出具有参考价值的参数取值范围；研究结构在预应力张拉完毕后的屈曲性能和失效模式，并对预应力张拉施工提出实用的预警方法。通过以上四部分的研究，比较全面地展现参数对施工张拉过程弦支穹顶结构性能的影响及预应力张拉失效模式和预警参数，力求为结构方案设计和施工调整提供科学的依据。

4.3.1　参数选取和评价指标

4.3.1.1　参数选取

施工参数包括临时支撑设置和预应力张拉点数量，其中临时支撑设置问题包括临时支撑布置位置和临时支撑刚度，这两种参数的确定决定了临时支撑的设置是否合理。临时支撑、张拉点设置原则是对称布置，从力学原理看，对称布置对一个多轴对称的体系是一个好的选择。临时支撑采用由内而外的布置方式，每环均满布。总布置环数用 n 表示，最外环临时支撑离支座的距离采用相对距离 x 表示：

$$x = L_n/(L_0/2) \tag{4-3-1}$$

式中　L_n——临时支撑距离支座的距离；

　　　L_0——弦支穹顶结构的跨度。

临时支撑刚度用相对值 α 表示：

$$\alpha = E_d A_{d8} L_s/(E_s A_s L_{d8}) \tag{4-3-2}$$

式中　E_d——单层网壳的弹性模量；

　　A_{d8}——单层网壳第 8 环环杆的截面面积；

　　L_{d8}——单层网壳第 8 环环杆的长度；

　　E_s——临时支撑弹性模量；

　　A_s——临时支撑截面面积；

　　L_s——临时支撑长度。

4.3.1.2　评价指标

设置临时支撑后单层网壳的内力和变形、设置临时支撑后结构的临界张拉力和张拉过程中以及完毕时支承点的状态可作为衡量临时支撑设置得是否合理的参数。同时，结构成形时滑动端支座的水平位移 D_H 反映了张拉力和结构自重作用下结构位形的变化。因此，临时支撑设置合理性的评价指标可以由单层网壳的内力与变形、支承点的状态以 D_H 来表征。具体指标及其意义如下：

（1）单层网壳的弯矩和轴力分布

结构的内力分布是选择构件截面并进行设计的主要依据，而其中刚性构件的内力分布对构件设计尤为重要。参数分析中，单层网壳的弯矩和轴力用 M_d 和 N_d 表示。

（2）张拉完毕时支承点的状态

一般情况下，张拉过程中随着结构起拱，临时支撑从内而外脱离主结构。如果张拉完毕时，临时支撑已经完全脱离，不必进行施工卸载，可节省大量资源。

（3）结构成形时的滑动端支座水平位移 D_H

结构成形时的滑动端支座水平位移反映了张拉力和结构自重作用下结构位形的变化，而且支座水平位移大小将影响结构张拉完成后下一阶段的安装。

4.3.2　分析模型的选取

弦支穹顶结构参数分析模型如图 4-3-1 所示，图 4-3-2 给出了单层网壳节点和环向单元编号，表 4-3-1 给出了临时支撑布置（编号顺序为由内而外）。在所有分析模型中，模型的几何参数保持不变。单层网壳采用梁单元模拟，撑杆之间的索段用只拉不压单元模拟，每个撑杆用一个杆单元模拟，撑杆顶端与梁之间为结构空间铰接，临时支撑采用只压不拉单元模拟。

从外而内布置 5 道环索，索力由外而内分别为 400kN、340kN、292kN、892kN 和 64kN。环索和径向索型号分别为钢丝绳 5×55 和 5×37，单层网壳第 9 环环杆截面为 $\phi299×10$，其他单层网壳的截面尺寸为 $\phi203×10$，撑杆截面尺寸为 $\phi125×6$。

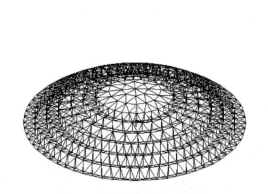

图 4-3-1　参数分析模型透视图

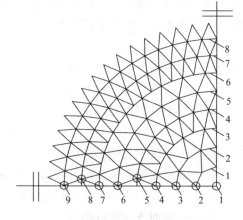

图 4-3-2　单层网壳节点和环向单元编号

临时支撑布置（编号顺序为由内而外）　　　　　　　　　　表 4-3-1

支撑位置编号 n	1	2	3	4	5	6	7	8
支撑位置	第1环	第2环	第3环	第4环	第5环	第6环	第7环	第8环
x	0.12	0.24	0.35	0.47	0.58	0.69	0.80	0.90

4.3.3　临时支撑合理的布置位置

4.3.3.1　x 对单层网壳内力和变形的影响

单层网壳在自重下的内力轴力最大、弯矩和剪力较小，变形则以竖向位移最为显著。

因此，本节主要考察 x 对单层网壳环向杆轴力最大值 N_{d}、弯矩最大值 M_{d} 和顶点竖向位移 u_{zd} 的影响。

图 4-3-3 给出了单层网壳环向杆轴力分布。由该图可知，无临时支撑的单层网壳轴力分布较为均匀，设置了临时支撑后，网壳轴力分布有了很大的变化。在设置临时支撑的部位，壳的轴力产生反向，由压力变为拉力，其他结构杆件仍受压。图 4-3-4 给出了单层网壳环向杆在各种临时支撑布置下的轴力包络线，从图中可以看出，随着临时支撑数量的增加，杆件最大压力数值和最大拉力数值均逐渐增大，当 $n=2$ 时，最大拉力达到最大值；$n=6$ 时，最大压力达到最大值；$n>6$ 时，最大压力数值和最大拉力数值均减小；在 $n=7$ 时，二者达到最小值，即图中虚线所示的位置，此时结构整体受力最佳。

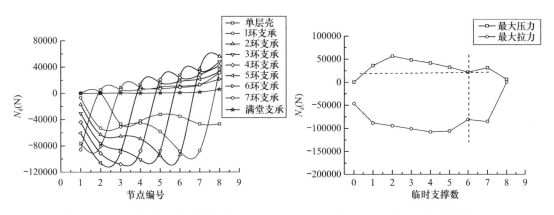

图 4-3-3　单层网壳轴力分布曲线　　　　图 4-3-4　单层网壳轴力包络线

图 4-3-5 给出了不同临时支撑布置下结构的单层网壳弯矩值。临时支撑的设置使得弯矩分布相对均匀，弯矩最大值减少。临时支撑布置得越多，对改善弯矩的影响越有利。而从图 4-3-6 所示的单层网壳弯矩包络线上可知，临时支撑设置超过 5 时（图中虚线所示），单层网壳弯矩减小的幅度明显减小，因此，临时支撑设置过多，性价比可能变差。图 4-3-7 给出了单层网壳位移分布曲线，从整体看，设置临时支撑对该临时支撑对应的上层网壳节点位移的改善很大，对其他部位的节点位移略有改善。图 4-3-8 给出了单层网壳节点位移包络线，从图中可看出，在一定范围内，临时支撑设置越多，对结构的位移响应改善越有利，但当 $n>6$ 时，则由有利变为不利。

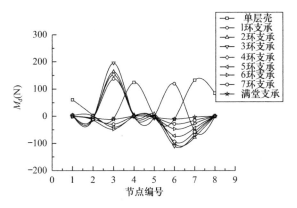

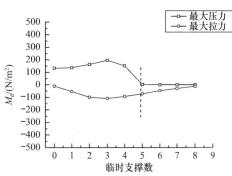

图 4-3-5　单层网壳弯矩分布曲线　　　　图 4-3-6　单层网壳弯矩包络线

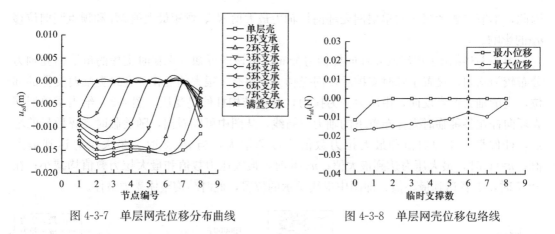

图 4-3-7　单层网壳位移分布曲线　　　　　图 4-3-8　单层网壳位移包络线

4.3.3.2　x 对张拉完毕时临时支撑脱离状态的影响

表 4-3-2 给出了 x 对临时支撑脱离状态的影响。从表中可见，临时支撑布置的位置对结构张拉过程中临时支撑的脱离状态有很大影响。临时支撑越靠近支座，越不易脱离主结构，离支座越远，越易脱离主结构，$x=0.69$ 为临时支撑脱离的临界状态。

x 对临时支撑脱离状态的影响　　　　表 4-3-2

x	0.12	0.24	0.35	0.47	0.58	0.69	0.80	0.90
脱离状况	完全脱离	完全脱离	完全脱离	完全脱离	完全脱离	完全脱离	不完全脱离	不完全脱离

从对单层网壳弯矩的改善来看，最佳布置环数为 5 环，而从对轴力和位移的改善来看，最佳布置环数为 6 环。因此合理的布置环数为 5～6 环，以 6 环布置最佳。

4.3.3.3　x 对结构滑动端支座水平位移 D_H 的影响

表 4-3-3 给出了不同 x 下结构的 D_H 值。从表中可以看出随着 x 的增大，结构的 D_H 略有增加，但并不显著。

不同 x 下的 D_H 值（结构处于最终状态）　　　　表 4-3-3

x	0.12	0.24	0.35	0.47	0.58	0.69	0.80	0.90
脱离状况	自动脱离	自动脱离	自动脱离	自动脱离	自动脱离	自动脱离	卸载后	卸载后
D_H	−0.0015	−0.0016	−0.0018	−0.0021	−0.0023	−0.0026	−0.0032	−0.0034

由上文可知，$x=0.69$ 的位置是临时支撑距离支座的临界相对布置位置。如果 $x>0.69$，临时支撑距离支座处较近，难以脱离主结构，且临时支撑布置的数量较大；如果 $x<0.69$，临时支撑可以完全脱离主结构，但是单层网壳轴力比无支撑时增加较多，对施工中的结构受力不利。因此 $x=0.69$ 的位置也是该结构形式临时支撑距离支座的最佳相对布置位置。

4.3.4　临时支撑合理的布置方式

上节得出了临时支撑距离支座的最佳距离，该距离以内的临时支撑均满布。实际上，在保证施工中结构受力较好和安全的前提下，出于经济和便利的考虑，可能不必满布。因此，为了考察不同布置方式下临时支撑对结构的影响，针对表 4-3-3 所示的布置方式进行研究。

4.3.4.1　临时支撑布置方式

在下文中用 N 表示布置临时支撑的总环数,单层网壳编号从内而外依次为第 $1\sim 8$ 环。表 4-3-4 给出了 $x=0.69$ 时临时支撑布置方式。

<table>
<tr><td colspan="6" align="center">临时支撑布置 （$x=0.69$）</td><td align="right">表 4-3-4</td></tr>
<tr><td>临时支撑环数 N</td><td>0</td><td>1</td><td>2</td><td>3</td><td>4</td><td>5</td></tr>
<tr><td>工况编号</td><td>0</td><td>1</td><td>2</td><td>3</td><td>5</td><td>6</td></tr>
<tr><td>满布布置</td><td>无支撑</td><td>第 6 环</td><td>第 5、6 环</td><td>第 4～6 环</td><td>第 3～6 环</td><td>第 2～6 环</td></tr>
<tr><td>临时支撑环数 N</td><td></td><td></td><td></td><td colspan="3" align="center">3</td></tr>
<tr><td>工况编号</td><td></td><td></td><td></td><td colspan="3" align="center">4</td></tr>
<tr><td>间隔布置</td><td></td><td></td><td></td><td colspan="3" align="center">第 2、4、6 环</td></tr>
</table>

4.3.4.2　N 对单层网壳内力和变形的影响

图 4-3-9 给出了 N_d 的分布曲线,图 4-3-10 给出了 N_d 包络线。从图 4-3-9 中 N_d 分布曲线可看出,临时支撑设置对结构受力影响很大,主要是不利影响。不设置临时支撑时,单层网壳轴力分布最均匀,全部环杆只受压力;设置临时支撑后,单层网壳轴力分布变得很不均匀,环杆出现拉压并存的状态:在每一环临时支撑布置下,设置临时支撑处的单层网壳环向单元由承受压力变为承受很大的拉力,单层网壳其他位置的环向单元受力略有变化。从图 4-3-10 N_d 包络线中可知,设置 3 环支撑间隔布置时,结构受力最好,如图虚线所示的位置,此时,最大拉压力数值均达到最小值。

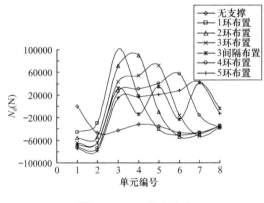

图 4-3-9　N_d 分布曲线

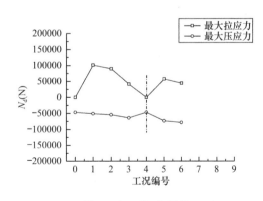

图 4-3-10　N_d 包络线

图 4-3-11 给出了 M_d 的分布曲线,图 4-3-12 给出了 M_d 包络线。从图 4-3-11 中 M_d 分布曲线可知,无临时支撑的单层网壳环杆的弯矩分布从内而外呈正双驼峰形状分布,且分布较为不均,主要是承受正弯矩;设置第 1 环临时支撑时,在设置临时支撑的部位弯矩反向,此时弯矩分布呈上下两个单驼峰形状分布;设置 $2\sim 4$ 环临时支撑情况类似,峰值有所变化,随着临时支撑数量的增加,先是正负弯矩各自增加,临时支撑设置超过 2 环后各自减小,如图 4-3-12 中 M_d 包络曲线所示;设置 5 环临时支撑和间隔设置 3 环临时支撑时,曲线呈反向双驼峰分布。从图 4-3-12 中 M_d 包络曲线可知,工况 4 即设置间隔 3 环临时支撑时,结构正负弯矩数值最小,从这个角度考虑,该种临时支撑设置方式对结构受力较为有利,这与根据轴力分布得出的结论一致。

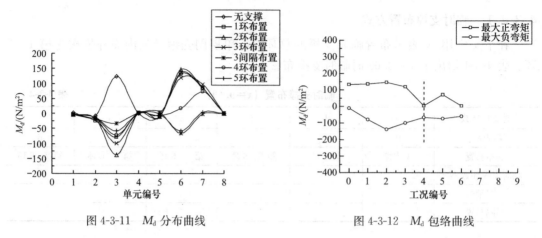

图 4-3-11 M_d 分布曲线　　　　　　　　　图 4-3-12 M_d 包络曲线

图 4-3-13 给出了 u_{zd} 的分布曲线，图 4-3-14 给出了 u_{zd} 包络线。由图 4-3-13 中 u_{zd} 分布曲线可知，临时支撑的设置对临时支撑部位的单层网壳节点竖向位移有改善，临时支撑越多，改善越好。从图 4-3-14 中 u_{zd} 包络曲线可知，临时支撑设置 4 环时，即图中虚线所示的位置，结构位移改善最好，再增加临时支撑反而对单层网壳位移改善不利。

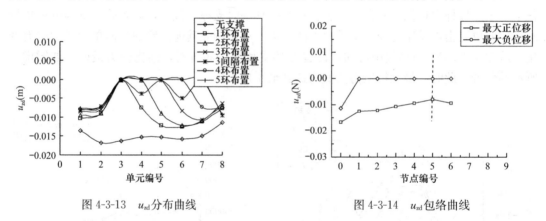

图 4-3-13 u_{zd} 分布曲线　　　　　　　　　图 4-3-14 u_{zd} 包络曲线

因此，从改善结构受力角度考虑，临时支撑的最佳布置方式为 3 环隔环布置，从改善位移角度考虑，布置方式为 4 环布置，所以临时支撑的合理布置方式为 3～4 环布置，距离支座相对位置 $x=0.69$。

4.3.4.3 N 对结构滑动端支座水平位移 D_H 的影响

表 4-3-5 给出了不同临时支撑布置下的 D_H 值（结构处于最终状态）。由该表可知，随着临时支撑环数增加，D_H 有所增加，但不显著，说明结构此时的几何非线性不是很强。

不同临时支撑布置下的 D_H 值（结构处于最终状态）　　　　　　　　表 4-3-5

工况编号	1	2	3	4	5	6
D_H（m）	−0.0020	−0.0022	−0.0023	−0.0024	−0.0024	−0.0025

4.3.5 临时支撑刚度对单层网壳内力和位移的影响

表 4-3-6 为本节分析采用的临时支撑刚度参数，采用相对刚度 α 表示，其计算方法参

见公式（4-3-2）。

临时支撑刚度参数　　　　　　　　　　　　表 4-3-6

临时支撑数量	布置方式	相对刚度值	扩大倍数
3	第 2、4、6 环	0.015	0.5
3	第 2、4、6 环	0.029	1
3	第 2、4、6 环	0.058	2
3	第 2、4、6 环	0.087	3
3	第 2、4、6 环	0.116	4

图 4-3-15 给出了不同临时支撑刚度条件下单层网壳轴力 N_d 的分布图。由该图可知，增加临时支撑比不设临时支撑时单层网壳轴力分布变化很大，单层网壳最大压力和最大拉力均增大，但不同临时支撑刚度对单层网壳轴力影响甚微。

图 4-3-16 给出了临时支撑刚度对单层网壳竖向位移的影响。由该图可知，增加临时支撑比不设临时支撑时结构的位移分布变化很大，单层网壳各个节点位移均减小，但不同临时支撑刚度对单层网壳节点位移影响甚微。

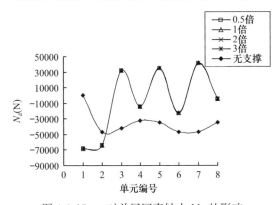

图 4-3-15　α 对单层网壳轴力 N_d 的影响

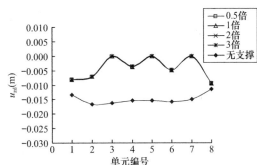

图 4-3-16　α 对单层网壳竖向位移 u_{zd} 的影响

4.3.6　预应力张拉点布置研究

4.3.6.1　分析模型

为了分析的便利和突出所研究问题的特点，从外而内布置两道环索，环索和径向索型号分别为钢丝绳 5×55 和 5×37。经计算分析，外环和内环索力可分别取为 1200kN 和 1020kN，单层网壳第 9 环和第 8 环杆件截面为 $\phi299×10$，其他单层网壳杆件的截面为 $\phi203×10$，撑杆截面为 $\phi159×5$，不考虑临时支撑的影响。参数分析模型如图 4-3-17 所示。

由第 3 章内容可知，预应力张拉方案总体来说可分为张拉环向索、张拉径向索和顶升撑杆三种方案，对于大跨度预应力结构，以张拉环向索应用最为广泛。张拉环向索的预应力张拉参数主要是张拉点布置和环索连接节点的构造方法。环索连接节点的构造方法主要有滑移索撑节点连接和固定索夹连接两种。

本节对弦支穹顶结构预应力拉索施工方法中的环索张拉法进行虚拟仿真计算，分析由于环索连接节点的构造及环索张拉点数量的不同对弦支穹顶结构预应力建立效果和施工中结构性能的影响。

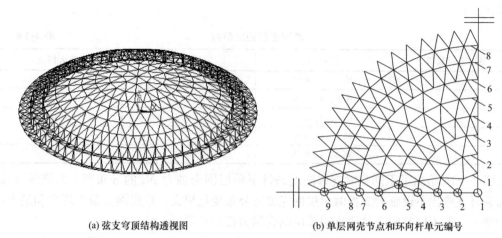

(a) 弦支穹顶结构透视图　　　　　　　　(b) 单层网壳节点和环向杆单元编号

图 4-3-17　参数分析模型

　　弦支穹顶结构为多轴对称结构，因此张拉点布置宜遵循对称原则，且每环索张拉点布置数量不宜少于 2 个。为了考察张拉点数量对施工的影响，将张拉点布置取为 1 轴对称布置、2 轴对称布置、4 轴对称布置和 8 轴对称布置，对应的张拉点数量分别为 2、4、8、16，张拉点布置方式如图 4-3-18 所示（粗线为张拉索单元），部分张拉索单元编号如图 4-3-19 所示。

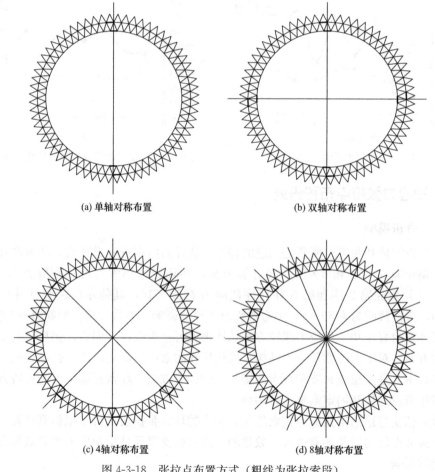

(a) 单轴对称布置　　　　　　　　　　　(b) 双轴对称布置

(c) 4 轴对称布置　　　　　　　　　　　(d) 8 轴对称布置

图 4-3-18　张拉点布置方式（粗线为张拉索段）

同时，为了对比不同索撑节点摩擦力的影响，分别考虑 0%、5%、7%、9% 预应力损失，具体工况见表 4-3-7 张拉点数量分析工况表。在找力分析时，采用张拉点处的索单元为预应力控制计算单元，即张拉完毕时，该张拉单元达到该道环索的预应力设计值。摩擦力和张拉点数量分别用 f_n、n 表示。f_n 采用索撑节点所在环索的张拉力的百分比表示。其中工况 1~5 采用滑移索撑节点连接，工况 7 采用固定索夹连接，工况 6 和工况 7 为所有环索段均施加初应变、理想无摩擦，二者的区别在于工况 6 索夹不固定。

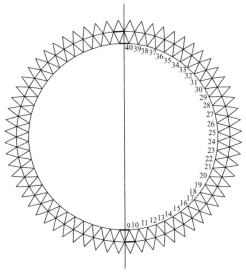

图 4-3-19 索单元编号

实际施工控制中，通常以油压表的读数来判断是否达到预应力设计值。实际上，张拉点处的索力等于油压表读数减去锚固回弹损失。本节的预应力控制值忽略锚固回弹损失，即预应力控制值等于油压表读数。以工况 6 索夹固定下每段环索均张拉的模型为对比工况。

张拉点数量分析工况表　　　　　　　　　　　　　表 4-3-7

工况 1		工况 2		工况 3		工况 4		工况 5		工况 6	工况 7
f_n	n	f_n	n	f_n	n	f_n	n	f_n	n	索夹固定	索夹不固定
0%	2	5%	2	7%	2	9%	2	11%	2	逐环施加初应变	逐环施加初应变
	4		4		4		4		4		
	8		8		8		8		8		
	16		16		16		16		16		

4.3.6.2 张拉点数量对单层网壳性能的影响

为了验证采用滑动索夹模拟实际张拉的正确性，将工况 6 和工况 7 的计算结果进行对比，结果发现二者建立的环索预应力较为一致，二者单层网壳轴力、位移计算结果分别如表 4-3-8、表 4-3-9 所示。

单层网壳杆件轴力　　　　　　　　　　　　　表 4-3-8

单层网壳杆件轴力（N）							
单元	8	7	6	5	4	3	2	1
工况 6	−766030	168720	146160	−28967	−60750	−64806	−61818	−47115
工况 7	−737640	173580	139060	−33530	−61972	−64620	−61065	−46246

单层网壳节点数竖向位移　　　　　　　　　　　表 4-3-9

单层网壳节点数竖向位移（m）							
节点	8	7	6	5	4	3	2	1
工况 6	0.014	0.065	0.062	0.052	0.050	0.050	0.051	0.055
工况 7	0.017	0.066	0.062	0.052	0.050	0.051	0.052	0.055

由表4-3-8和表4-3-9可知，工况6和工况7的单层网壳的轴力及竖向位移均吻合得很好，因此，滑动索夹模拟实际张拉是合理的、有效的。

（1）无摩擦理想情况下，张拉点数量对结构性能的影响

1）张拉点数量对环索索力的影响

由于结构本身和施加的预应力具有多轴对称的特点，第1道环索和第2道环索的索力变化规律类似，所以只对第1道环索索力值进行分析。表4-3-10给出了工况1条件下的第1道环索索力值。由该表可知，理想无摩擦情况下，不同张拉点数量得到的预应力值没有显著差异。

工况1条件下的第1道环索索力（kN）　　　　　　　　表4-3-10

2点张拉							
索单元编号	9	10	11	12	13	14	15	16
索力（N）	1196.5	1195.9	1194.7	1193.6	1192.6	1191.7	1190.8	1190.0
单元编号	17	18	19	20	21	22	23	24
索力（N）	1189.3	1188.7	1188.2	1187.7	1187.3	1187.1	1186.8	1186.7
单元编号	25	26	27	28	29	30	31	32
索力（N）	1186.7	1186.7	1186.9	1187.1	1187.3	1187.7	1188.2	1188.7
单元编号	33	34	35	36	37	38	39	40
索力（N）	1189.3	1190.0	1190.8	1191.7	1192.6	1193.6	1194.7	1195.9
4点张拉							
单元编号	9	10	11	12	13	14	15	16
索力（N）	1199.5	1199.2	1198.7	1198.3	1197.9	1197.6	1197.4	1197.3
单元编号	17	18	19	20	21	22	23	24
索力（N）	1197.3	1197.3	1197.4	1197.6	1197.9	1198.3	1198.7	1199.2
8点张拉							
单元编号	9	10	11	12	13	14	15	16
索力（N）	1199.3	1199.2	1199.0	1198.9	1198.9	1198.9	1199.0	1199.2
16点张拉							
单元编号	9	10	11	12	13	—	—	—
索力（N）	1198.9	1198.9	1198.8	1198.8	1012.2	—	—	—

2）张拉点数量对单层网壳各环向梁单元轴力 N_d 的影响

图4-3-20给出了不同张拉点数量下 N_d-单元曲线，由该图可知，理想无摩擦条件下，随着张拉点的增多，单层网壳单元内力稍有减小，并不显著。

3）张拉点数量对单层网壳各点竖向位移 u_{zd} 的影响

图4-3-21给出了不同张拉点数量下 u_{zd}-节点曲线，由该图可知，理想无摩擦条件下，随着张拉点的增多上层网壳节点竖向位移稍有减小，但并不显著。

4）张拉点数量对滑动端水平位移 D_H 的影响

表4-3-11给出了工况1条件下的 D_H 值，由该表可知，理想无摩擦条件下，随着张拉点的增多，滑动端水平位移稍有减小，但并不显著。

（2）5%摩擦力条件下，张拉点数量对结构性能的影响

1）张拉点数量对环索索力的影响

表4-3-12给出了工况2条件下的第1道环索索力，由该表可知，在存在摩擦力的条件

下，采用单轴布置 2 点张拉时，环索索力随着距张拉点越远，索力逐渐减小；每隔一个索撑节点，索力将减少 5% 的该索力设计值；不同的张拉点布置均遵循此规律。

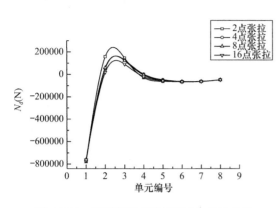

图 4-3-20　不同张拉点数量下 N_d-单元曲线

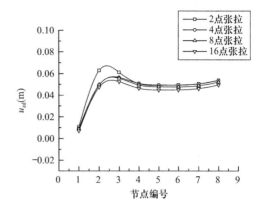

图 4-3-21　不同张拉点数量下 u_{zd}-节点曲线

工况 1 条件下的 D_H 值　　　　　　　　　　表 4-3-11

编号	张拉点数量	D_H（m）
1	2	−0.034
2	4	−0.033
3	6	−0.032
4	18	−0.030

工况 2 条件下的第 1 道环索索力（kN）　　　　　　　　　　表 4-3-12

2 点张拉							
单元编号	9	10	11	12	13	14	15	16
索力（N）	1236.5	1176.1	1115.5	1054.9	994.3	933.8	873.3	812.9
单元编号	17	18	19	20	21	22	23	24
索力（N）	752.6	692.3	632.1	571.9	511.8	451.6	391.5	331.5
单元编号	25	26	27	28	29	30	31	32
索力（N）	303.3	331.2	391.2	451.3	511.5	571.7	631.8	692.1
单元编号	33	34	35	36	37	38	39	40
索力（N）	752.3	812.7	873.1	933.5	994.0	1054.5	1115.1	1175.8
4 点张拉							
单元编号	9	10	11	12	13	14	15	16
索力（N）	1194.1	1133.6	1073.2	1012.8	952.5	892.2	832.0	771.8
单元编号	17	18	19	20	21	22	23	24
索力（N）	711.6	771.8	832.0	892.2	952.5	1012.8	1073.2	1133.7
8 点张拉							
单元编号	9	10	11	12	13	14	15	16
索力（N）	1201.6	1141.2	1080.9	1020.6	960.5	1020.7	1081.0	1141.4
16 点张拉							
单元编号	9	10	11	12	—	—	—	—
索力（N）	1201.1	1140.8	1080.7	1141.0	—	—	—	—

2）张拉点数量对单层网壳各环向梁单元轴力的影响

图 4-3-22 给出了 N_d-张拉点工况曲线，由该图可知，张拉点越多，结构的轴力越大，越接近无摩擦时的结构轴力值，即摩擦力对结构位移的影响随着张拉点的增多逐渐减弱。

3）张拉点数量对单层网壳各点竖向位移 u_{zd} 的影响

图 4-3-23 给出了 u_{zd}-节点曲线，由此曲线可知，张拉点越多，结构的位移越大，越接近无摩擦时的结构起拱值，即摩擦力对结构位移的影响随着张拉点的增多逐渐减弱。

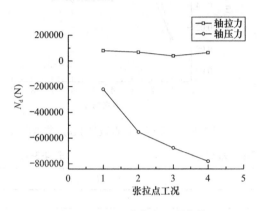

图 4-3-22　N_d-张拉点工况曲线

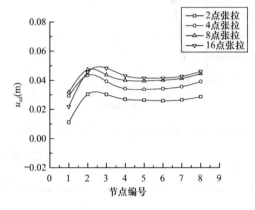

图 4-3-23　不同张拉点数量 u_{zd}-节点曲线

4）张拉点数量对滑动端水平位移 D_H 的影响

表 4-3-13 给出了不同张拉点数量下的 D_H 值，由该表可知，张拉点数量越多，结构的径向滑移越大，越接近无摩擦的情况。

工况 2 条件下的 D_H 值　　　　　　　　　　　　　　　表 4-3-13

编号	张拉点数量	D_H（m）
1	2	−0.013
2	4	−0.017
3	8	−0.027
4	16	−0.028

（3）7‰摩擦力条件下，张拉点数量对结构性能的影响

1）张拉点数量对环索索力的影响

表 4-3-14 给出了工况 3 条件下的第 1 道环索索力，由该表可知，在 7‰摩擦力存在的条件下，采用 2 点张拉时，环索索力随着距离张拉点越远，索力逐渐减小；每隔一环，减少 7‰索力设计值；不同的张拉点布置均遵循此规律。

工况 3 条件下的第 1 道环索索力（kN）　　　　　　　　表 4-3-14

2 点张拉							
单元编号	9	10	11	12	13	14	15	16
索力（N）	1220.1	1135.7	1051.1	966.7	882.3	798.0	713.7	629.4
单元编号	17	18	19	20	21	22	23	24
索力（N）	545.2	461.0	376.8	292.6	208.5	147.0	109.0	90.7

2 点张拉							
单元编号	25	26	27	28	29	30	31	32
索力（N）	84.6	89.4	110.0	147.5	206.8	291.0	375.1	459.3
单元编号	33	34	35	36	37	38	39	40
索力（N）	543.5	627.7	711.9	796.2	880.6	965.0	1049.4	1134.0

4 点张拉							
单元编号	9	10	11	12	13	14	15	16
索力（N）	998.5	938.1	877.8	817.5	757.3	697.	636.9	576.8
单元编号	17	18	19	20	21	22	23	24
索力（N）	527.8	572.8	633.0	693.1	753.3	813.5	873.8	934.2

8 点张拉							
单元编号	9	10	11	12	13	14	15	16
索力（N）	1203.0	1142.6	1082.3	1022.0	961.9	1022.1	1082.4	1142.8

16 点张拉			
单元编号	9	10	11	12
索力（N）	1220.1	964.9	1049.4	1134.0

2）张拉点数量对单层网壳各环向杆梁单元轴力 N_d 的影响

图 4-3-24 给出了 N_d-张拉点工况曲线，由此曲线可知，张拉点越多，单层网壳的轴力越大，越接近无摩擦时的单层网壳轴力值，即摩擦力对 N_d 的影响随着张拉点的增多逐渐减弱。

3）张拉点数量对单层网壳各节点竖向位移 u_{zd} 的影响

图 4-3-25 给出了 u_{zd}-节点曲线，由此曲线可知，张拉点越多，结构的位移越大，越接近无摩擦时的结构起拱值，即摩擦力对结构位移的影响随着张拉点的增多逐渐减弱。

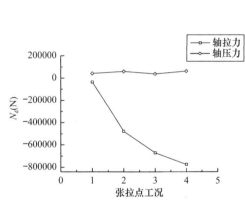

图 4-3-24　N_d-张拉点工况曲线

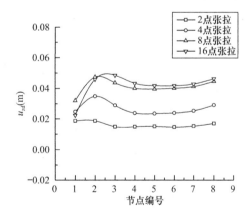

图 4-3-25　不同张拉点数量 u_{zd}-节点曲线

4）张拉点数量对滑动端水平位移 D_H 的影响

表 4-3-15 给出了不同张拉点数量下的 D_H 值，由该表可知，张拉点数量越多，结构的径向滑移越大，越接近无摩擦的情况。

（4）9％摩擦力条件下，张拉点数量对结构性能的影响

1）张拉点数量对环索索力的影响

表 4-3-16 给出了工况 4 条件下的第 1 道环索索力，由该表可知，在 9％摩擦力存在条

件下采用 2 点张拉布置时，环索索力随着距离张拉点越远，索力越小；每隔一环，减少 9% 索力设计值；不同的张拉点布置均遵循此规律。

工况 3 条件下的 D_H 值 表 4-3-15

编号	张拉点数量	D_H（m）
1	2	−0.0133
2	4	−0.0174
3	8	−0.0273
4	16	−0.0279

工况 4 条件下的第 1 道环索索力（N） 表 4-3-16

2 点张拉							
单元编号	9	10	11	12	13	14	15	16
索力（N）	1249.3	1140.8	1032.4	923.9	815.6	707.3	599.0	490.8
单元编号	17	18	19	20	21	22	23	24
索力（N）	382.6	274.4	191.2	138.0	103.9	81.3	67.5	63.1
单元编号	25	26	27	28	29	30	31	32
索力（N）	61.2	61.2	69.1	83.0	103.7	136.2	188.4	271.2
单元编号	33	34	35	36	37	38	39	40
索力（N）	379.3	487.5	595.8	704.0	812.3	920.7	1029.1	1137.6
4 点张拉							
单元编号	9	10	11	12	13	14	15	16
索力（N）	1196.9	1088.4	979.9	871.6	763.3	655.0	546.8	438.6
单元编号	17	18	19	20	21	22	23	24
索力（N）	396.4	432.1	540.3	648.5	756.8	865.1	973.5	1082.1
8 点张拉							
单元编号	9	10	11	12	13	14	15	16
索力（N）	1211.8	1103.2	994.7	886.4	805.5	875.6	984.0	1092.5
16 点张拉							
单元编号	9	10	11	12				
索力（N）	1211.9	1103.5	1007.4	1100.9				

2）张拉点数量对单层网壳各环向梁单元轴力 N_d 的影响

图 4-3-26 给出了 N_d-张拉点工况曲线，由此曲线可知，张拉点越多，结构的内力越大，越接近无摩擦时的结构内力值，即摩擦力对结构内力的影响随着张拉点的增多逐渐减弱。

3）张拉点数量对单层网壳各点竖向位移 u_{zd} 的影响

图 4-3-27 给出了网壳 u_{zd}-节点曲线，由此曲线可知，张拉点越多，结构的位移越大，越接近无摩擦时的结构起拱值，即摩擦力对结构位移的影响随着张拉点的增多逐渐减弱。

4）张拉点数量对滑动端水平位移 D_H 的影响

表 4-3-17 给出了工况 4 条件下的 D_H 值。由该表可知，张拉点数量越多，结构的径向滑移越大，越接近无摩擦的情况。

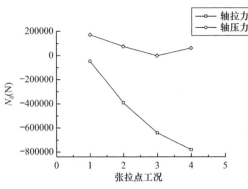

图 4-3-26　N_d-张拉点工况曲线

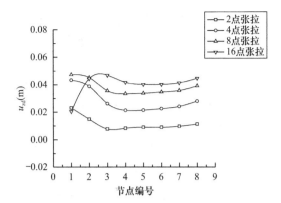

图 4-3-27　不同张拉点数量 u_{zd}-节点曲线

工况 4 条件下的 D_H 值　　　　　　　　　　　表 4-3-17

编号	张拉点数量	D_H（m）
1	2	−0.0103
2	4	−0.0174
3	8	−0.0236
4	16	−0.0271

由数值分析可知，同一种摩擦力下，张拉点越多，越有利于建立满足预应力设计态的预应力值和结构起拱值。

4.3.6.3　摩擦力对单层网壳性能的影响

下面分析不同张拉点情况下，摩擦力数值对结构性能的影响。

图 4-3-28 给出了不同张拉点布置下 f_n-N_d 轴力包络曲线。由该图可知，相同索撑节点摩擦力下，2、4、8 和 16 点张拉布置下 N_d 数值依次减小；且随着索撑节点摩擦力的增加，2 点张拉布置下 N_d 数值迅速减小，4 点张拉布置下 N_d 数值有所减小，8 点张拉布置下 N_d 数值稍减，16 点张拉布置下 N_d 数值无显著变化，由此可知，张拉点布置越多越有利于抵抗摩擦力的影响，进而越有利于结构的预应力和起拱值的建立。其中值得一提的是，2 点张拉布置下的曲线，当摩擦力超过 7% 时，内力不再继续减小，而是稍增，此时结构的起拱值（图 4-3-29）小于 7% 摩擦力条件下的起拱值，因此，结构采用 2 点张拉布置时在某种摩擦力条件下，内力增加，且对结构起拱不利，此种张拉点布置对于建立合理的预应力态而言无疑是非常不利的。

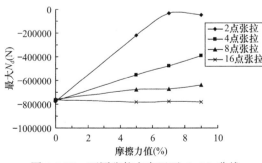

图 4-3-28　不同张拉点布置下 f_n-N_d 曲线

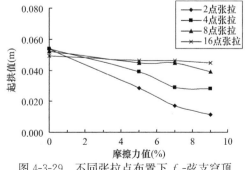

图 4-3-29　不同张拉点布置下 f_n-弦支穹顶起拱值曲线

图 4-3-29 给出了不同张拉点布置下 f_n-弦支穹顶结构起拱值曲线。从该图可以看出，不论何种张拉点布置，随着摩擦力的增加，结构起拱值越来越小。并且张拉点布置得越少，此趋势越明显，越不利于起拱；张拉点布置得越多，结构的起拱值减小的趋势变弱，则有利于改善起拱值，但是张拉点布置超过 8 点后，此改善效果并不明显。

综合考虑张拉点布置对结构起拱和内力的影响，根据最佳受力原则，本节结构张拉点最佳的布置是三轴对称、张拉点每环布置 8 个；考虑到施工经济性原则，张拉点合理布置范围可以采用二轴或三轴对称布置，张拉点每环布置 4 个或 8 个。

4.3.6.4 施工参数与结构性能的关系及合理取值

施工参数主要影响结构在张拉过程中的内力和变形及最终结构构型和性能。临时支撑距离支座的位置是临时支撑布置的关键参数。临时支撑布置得太少、距离支座太远，一方面自身所起的作用不明显，另外也不能有效地保证施工安全；临时支撑布置得太多、距离支座太近，比如满堂脚手架，一方面可能造成施工资源的浪费，增加施工成本，另一方面会增加张拉难度并可能增加临时支撑卸载等施工步骤，进而增加了施工成本。采用合理的临时支撑数量则可在减少临时支撑数量的同时，达到结构的内力和变形最优的效果。所以，在工程施工中，可以通过综合调整这些参数，以获得既节约临时支撑数量又能满足施工中结构性能的最优要求的临时支撑布置方式。

临时支撑刚度对施工中的结构性能没有显著影响，所以临时支撑只需满足自身强度和稳定的要求。

张拉点的布置是实际施工中面临的另一个重要的施工参数。实际施工中采用张拉环索施工，不可能每段环索均进行张拉，一方面此举将大幅度增加施工成本，另一方面 2 个相邻索撑节点之间的环索较短，难以操作；如果每圈环索只采用张拉一段环索，索夹不固定时，环索滑移将很大，索撑节点摩擦力的影响将难以预计，这将严重影响结构的正常张拉成形。所以，在工程施工中可以通过调整张拉布置方式或张拉点数量，以获得既节约施工成本又能满足结构最终成形和性能要求的张拉点布置方式。

根据上述数值分析的结果可得出，为获得较好的张拉过程的结构性能，弦支穹顶结构施工参数的合理取值如表 4-3-18 所示。

施工参数对结构受力性能的影响　　　　　　　　　　　　　　表 4-3-18

结构性能指标	临时支撑位置 x	合理临时支撑数量 m	临时支撑刚度 k	张拉点数量 n
临时支撑脱离情况	x 越增大，越不易脱离，$x = 0.69$ 为脱离的临界位置	—	—	—
网壳弯矩	x 增大，正负弯矩均为先增大后减小，最后趋于平缓	正弯矩呈增大后减小、再次增大后减小的趋势；负弯矩呈增大后减小最后趋于平缓。m 最佳值为 3，隔环布置	无显著影响	—
网壳轴力	x 增大，正负轴力均先增大后减小	正轴力呈增大后减小、再次增大后减小的趋势；负轴力呈减小后增大再次减小的趋势。m 最佳值为 3，隔环布置	无显著影响	有摩擦时，正轴力先减小后略有增大，负轴力减小；无摩擦时正负轴力略有减小，并不显著

结构性能指标	临时支撑位置 x	合理临时支撑数量 m	临时支撑刚度 k	张拉点数量 n
网壳竖向位移	x 增大，正位移均呈先增大后趋于平缓的趋势；负位移呈先减小后趋于平缓的趋势	x 增大，竖向正位移先增大然后趋于平缓；竖向负位移先增大后减小。m 最佳值为 4	无显著影响	n 增大，有摩擦时，位移增大；无摩擦时位移略有减小，不显著
滑动端水平位移	略有增加，但是并不显著	略有增加，但是并不显著	—	略有减小，并不显著
合理取值范围	x 宜接近 0.69	m 宜为 3 环或 4 环布置	只需满足自身强度和稳定的要求	宜双轴或三轴布置

4.3.7　预应力张拉失效模式及预警研究

实际弦支穹顶结构在施工中有时会采用超张拉，以弥补各种原因引起的预应力损失，并增加起拱值，使结构外形尽量满足设计要求。预应力施工的过程是结构成形的过程，也是对结构施加预应力荷载的过程，为了考查在结构成形过程中施加预应力对结构受力和变形形态的影响，本节重点研究结构在预应力张拉过程中及张拉完毕后的屈曲性能和失效模式，并对预应力张拉施工提出实用的预警方法。

4.3.7.1　失效模式和预警参数

（1）现行的失效准则

实际工程结构通常很复杂，不同系统中的结构所发挥的作用和系统对结构的要求是不相同的，因此，结构系统失效的具体定义应针对其具体要求和在工程中的作用而确定[43]。一般情况下，结构失效的含义为结构不能再按照设计要求承受外载、结构在外载的作用下其变形超过规定设计要求或结构系统变成机构。

系统失效大致归纳为 3 种[44]：

1）结构已失效单元数达到某一特定值，结构变为机构；

2）结构已失效单元数达到某一特定值，根据经验或规范出于刚度考虑认为结构已不再适于承受所加外载；

3）结构整体失效或结构整体承载能力首次出现下降现象。

第 1 种失效准则是一种理想准则，没有考虑经验因素，比较适合于小型结构。第 2、3 种失效准则都是经验准则，便于工程中进行检验和实际操作。对于结构复杂的钢结构系统，通常采用第 1 种和第 2 种准则。对于施工过程中结构的失效与判别方法，可根据第 3 种失效准则的理念进行研究，特定义弦支穹顶结构施工过程失效含义为：施工阶段的结构在预应力和自重作用下，当预应力张拉到一定数值时，发生整体或局部失稳而失效。该预应力数值为预应力屈曲临界荷载，在该荷载下，结构处于失稳临界状态。不同的屈曲荷载值对应不同的屈曲模态（屈曲形状）。求解屈曲临界荷载主要有两种方法，分别为线性方法和非线性方法。本节采用考虑预应力效应的线性方法。

（2）线性方法

线性方法[45]预测理想弹塑性结构的理论线性屈曲强度。该方法是经典的欧拉屈曲分析，它计算结构在给定荷载和约束下的各个特征值。考虑到实际结构有缺陷，因此，先进行完善结构的线性屈曲分析，然后将某阶模态构形作为初始缺陷施加到结构上，再次进行屈曲分析，可得到结构的失效模式。

（3）预警参数

判断结构是否失效或接近失效，需要一个实用的判别参数（方法）。当预应力达到结构的屈曲临界荷载时，结构将失效，因此可将屈曲临界荷载作为判别参数。定义相对屈曲临界荷载 μ_T，即

$$\mu_T = 0.001 \times \lambda_{cr} \times T_1 / G \tag{4-3-3}$$

式中　μ_T——相对屈曲临界荷载值；

　　　λ_{cr}——屈曲临界荷载因子；

　　　G——结构自重（kN/m^2）。

另外，结构上部单层网壳关键点的变形也可作为判别参数。

1）相对屈曲临界荷载 μ_T

与失效模式相对应的屈曲临界荷载 μ_T 可作为结构失效的上限值。实际工程中，可对此参数进行折减，以指导实际预应力张拉施工。

2）结构关键点的变形

在预应力张拉中，结构关键点出现的变形与失效模式具有接近或相同的变化趋势，且变形增长加快，则认为结构已经达到失效的下限，此时不应再对结构施加更大的预应力。

4.3.7.2　预应力张拉失效模式

（1）数值分析模型

为了分析的便利和突出所研究问题的特点，从外而内布置两道环索，内、外环索索力比为 1：2，环索和径向索型号分别为钢丝绳 5×55 和 5×37，经分析计算，内、外环索索力可分别取 150kN、300kN，单层网壳第 9 环和第 8 环杆件截面为 $\phi299 \times 10$，其他网壳杆件的截面为 $\phi189 \times 9$，撑杆截面为 $\phi159 \times 5$，忽略临时支撑的影响。

预应力施工方法采用同步张拉，且每环索均匀施加预应力，索夹固定。初始几何缺陷最大值为跨度的 1/300，对结构进行线性屈曲分析。

表 4-3-19 给出了完善结构的屈曲临界荷载因子 λ_{cr}，图 4-3-30 给出了各阶屈曲模态。当外环索预应力为 150kN 时，第 1 阶模态为局部失稳，如图 4-3-30（a）所示；第 2、3 阶模态为小范围的整体失稳模态，如图 4-3-30（b）、（c）所示；第 4~6 阶模态为中间单层网壳整体失稳，分别如图 4-3-30（d）~（f）所示。

完善结构的 λ_{cr}　　　　　　　　　　　　　　　　　　表 4-3-19

模态阶数	第 1 阶	第 5 阶	第 5 阶	第 5 阶	第 5 阶	第 6 阶
λ_{cr}	26.585	27.880	28.688	32.354	33.432	33.543

（2）失效模式

根据最不利缺陷原则，得出无缺陷条件下的第 3 阶模态为最不利的缺陷构型。选择第 3 阶模态为初始缺陷的构型，缺陷最大值取跨度的 1/300，然后对考虑了初始缺陷的结构进行屈曲分析。表 4-3-20 给出了缺陷条件下的临界荷载系数以及 μ_T。图 4-3-31 给出了缺陷结构的前 6 阶模态，其中结构的第 1 阶模态为第 1 环网壳节点局部失稳。取第 1 阶 λ_{cr} 作

为结构失效的荷载因子，此时外环预应力为 2574kN，μ_T 为 7.82。

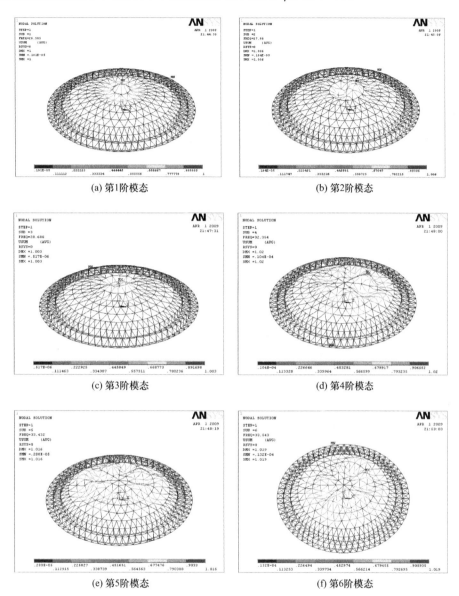

(a) 第1阶模态   (b) 第2阶模态

(c) 第3阶模态   (d) 第4阶模态

(e) 第5阶模态   (f) 第6阶模态

图 4-3-30 完善结构的模态

从上述计算过程和计算结果可知，对应一个给定的弦支穹顶结构（包括初始缺陷）和给定的张拉施工方法，失效模式是唯一的，即一旦结构体系和张拉方案确定，失效模式唯一。

缺陷结构的 λ_{cr} 表 4-3-20

模态阶数	第1阶	第5阶	第5阶	第5阶	第5阶	第6阶
λ_{cr}	8.5804	19.905	23.402	24.896	27.062	27.451
μ_T	7.82					

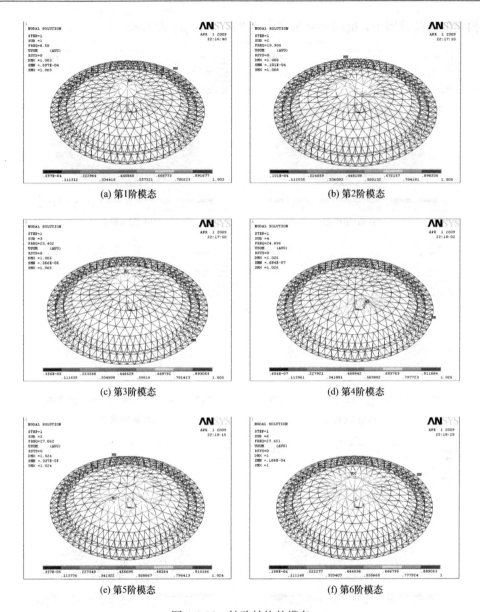

(a) 第1阶模态　　　　　　　　　　(b) 第2阶模态

(c) 第3阶模态　　　　　　　　　　(d) 第4阶模态

(e) 第5阶模态　　　　　　　　　　(f) 第6阶模态

图 4-3-31　缺陷结构的模态

4.3.7.3　预应力张拉失效预警

张拉环索时，预应力不宜超过屈曲临界荷载，λ_{cr} 可作为预应力张拉失效的上限。实际工程中，由于结构的线性屈曲分析忽略了结构的几何非线性等特性，由线性屈曲分析得到的 λ_{cr} 一般是保守的，因此，根据经验，结构预应力张拉不宜超过 0.5 倍的 λ_{cr}。当结构在张拉过程中的变形出现失效模式的构型时，结构可能已经达到或接近失效的下限，对于本结构来说，即第 2 环某个或多个网壳节点出现较大的竖向位移，同时位于其对称位置的节点出现相反的位移时，说明结构已达到或临近失效的下限。

4.3.7.4　施工荷载对失效模式及失效参数的影响

实际上，在结构进行预应力施工时，准结构可能承受一定的施工荷载，包括施工机具、施工人员或者一些监测设备等。荷载的分布对结构的屈曲临界模态有影响，进而影响预警参数，因此有必要对施工荷载作用下的结构进行失效模式和预警参数分析。

数值分析模型半跨施工荷载取为 $0.1kN/m^2$。采用本节提出的预应力张拉失效模式判别方法和预警参数对结构进行分析。计算结果如表 4-3-21、图 4-3-22 和图 4-3-32、图 4-3-33 所示。从表 4-3-21 给出的完善结构的 λ_{cr} 可知，施工荷载作用下的 λ_{cr} 值小于不考虑施工荷载的 λ_{cr} 值，因此结构施工荷载使完善结构的屈曲临界荷载值降低。从表 4-3-22 给出的缺陷结构的 λ_{cr} 可知，结构施工荷载使得缺陷结构的屈曲临界荷载值降低。从图 4-3-32 给出的完善结构的模态可知，前六阶模态均为单层网壳不对称整体失稳，失稳的区域恰是施工荷载布置的区域。从图 4-3-33 给出的缺陷结构的模态可知，前六阶模态均为若干单层网壳局部点失稳引起的单层网壳整体失稳。根据缺陷特征值分析结果可知，失效模式为第 1 阶缺陷结构模态，λ_{cr} 为 7.0267，μ_T 为 6.405。

完善结构的 λ_{cr}　　　　　　　　　　　　　　　　　表 4-3-21

模态阶数	第1阶	第5阶	第5阶	第5阶	第5阶	第6阶
λ_{cr}	19.185	19.408	19.602	20.027	20.699	20.898

缺陷结构的 λ_{cr}　　　　　　　　　　　　　　　　　表 4-3-22

模态阶数	第1阶	第5阶	第5阶	第5阶	第5阶	第6阶
λ_{cr}	7.0267	11.956	12.678	12.991	13.965	14.776
μ_T	6.405					

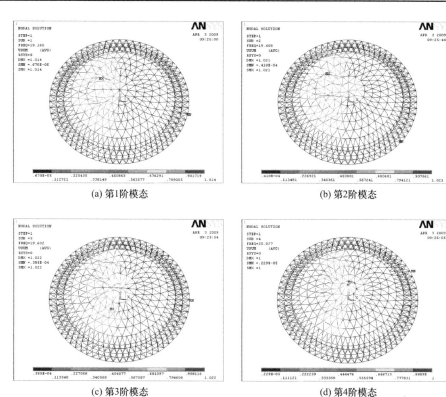

(a) 第1阶模态　　　　　　　　　　　　　　(b) 第2阶模态

(c) 第3阶模态　　　　　　　　　　　　　　(d) 第4阶模态

图 4-3-32　完善结构的模态（一）

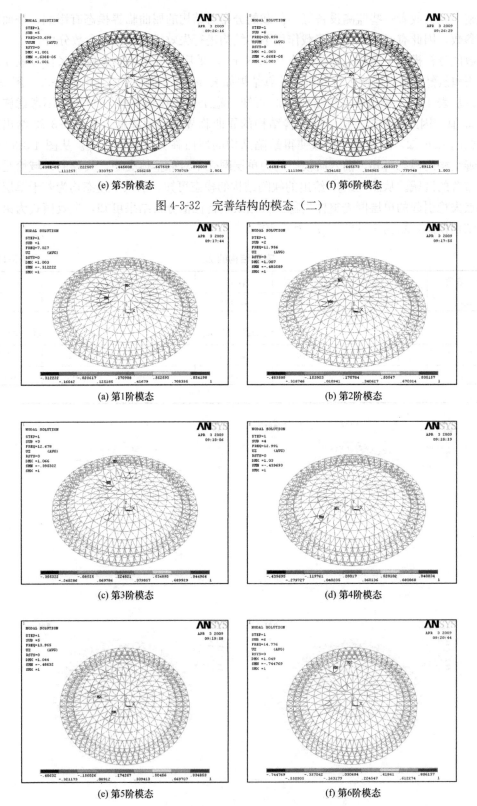

(e) 第5阶模态　　　　　　　　　　(f) 第6阶模态

图 4-3-32　完善结构的模态（二）

(a) 第1阶模态　　　　　　　　　　(b) 第2阶模态

(c) 第3阶模态　　　　　　　　　　(d) 第4阶模态

(e) 第5阶模态　　　　　　　　　　(f) 第6阶模态

图 4-3-33　缺陷结构的模态

4.3.8　小结

（1）在施工阶段理论分析的基础上，归纳出所研究的施工参数，即临时支撑和预应力张拉点设置问题，此二者和施工过程研究（4.1节）、临时支撑卸载（4.2节）共同构成一个施工过程的主要特征参数；同时选取合理的施工参数作为评价施工进程结构性能的指标。

（2）全面分析临时支撑和预应力张拉点设置等施工参数对结构受力性能的影响，内容包括：详细研究了最外环临时支撑距离支座的相对位置对单层网壳内力和变形、张拉完毕时临时支撑支承状态和滑动端支座水平位移的影响；对弦支穹顶结构预应力拉索施工方法中的环索张拉法进行了虚拟仿真计算，详细分析了由于环索连接节点的构造及环索张拉点数量的不同对弦支穹顶结构预应力建立效果和施工中结构性能的影响。

（3）综合施工参数取值对结构性能的影响，给出具有参考价值的施工参数取值范围。临时支撑距离支座的临界相对位置宜接近 0.69；合理的临时支撑宜为 3 环或 4 环布置。临时支撑刚度对结构弯矩、轴力等性能无显著影响，临时支撑只需满足自身强度和稳定的要求；张拉点布置宜双轴或三轴布置，对应的张拉点数量为 4～8 个。

（4）提出了施工过程中弦支穹顶结构失效的判别方法和施工过程中的预警参数，并分析了施工荷载对结构失效模式和预警参数的影响。弦支穹顶结构的失效模式可取缺陷结构的第 1 阶模态，可取相对屈曲临界荷载作为结构的失效预警上限，并取与失效模式相仿的节点位移作为结构失效的下限。

参考文献

[1]　葛家琪，张国军，王树．弦支穹顶预应力施工过程仿真分析［J］．施工技术（增刊），35：10-13，2006．

[2]　王永泉，郭正兴，罗斌，等．常州体育馆大跨度椭球形弦支穹顶预应力拉索施工［J］．施工技术，2008，37（3）：33-36．

[3]　王永泉，郭正兴，罗斌．大跨度椭球形索承网壳环向索张拉仿真分析［J］．施工技术，2007，36（6）：58-60．

[4]　郭正兴，石开荣，罗斌，等．武汉体育馆索承网壳钢屋盖顶升安装及预应力拉索施工［J］．施工技术，2006，35（12）：51-58．

[5]　郭正兴，石开荣，罗斌，等．武汉体育馆弦支穹顶屋盖预应力拉索施工［C］．中国预应力技术五十年暨第九届后张预应力学术交流会论文集，2006：247-252．

[6]　肖全东．弦支穹顶结构体系及其施工技术研究［D］．南京：东南大学，2006．

[7]　石开荣，郭正兴．预应力钢结构施工的虚拟张拉技术研究［J］．施工技术，2006，35（3）：16-18．

[8]　纪晗，熊世树，黄丽婷，等．弦支穹顶拉索张拉过程现场监测与数值模拟［J］．武汉理工大学学报，2008，30（9）：93-97＋107．

[9]　李静斌，葛素娟．静力弹塑性分析在大跨钢结构设计中的应用［J］．郑州大学学报（工学版），2005，26（12）：15-19．

[10]　郭正兴，王永泉，罗斌，等．济南奥体中心体育馆大跨度弦支穹顶预应力拉索施工［J］．施工技术，2008，37（5）．

[11]　吴宏磊，丁洁民，何志军，等．体育馆屋面弦支穹顶结构分析与设计［J］．建筑结构，2008，38

（9）.

[12] 陈志华，郭云，李阳. 弦支穹顶结构预应力及动力性能理论与实验研究 [J]. 建筑结构，2004，34（5）：42-45.

[13] 刘慧娟. 弦支穹顶结构在地震作用下的动力稳定性研究 [D]. 天津：天津大学，2005.

[14] 史杰. 弦支穹顶结构力学性能分析和实物静动力试验研究 [D]. 天津：天津大学，2004.

[15] 秦杰，王泽强，张然，等. 2008 奥运会羽毛球馆预应力施工监测研究 [J]. 建筑结构学报，2007，28（6）：83-91.

[16] 张爱林，刘学春，张传成. 2008 奥运会羽毛球馆新型预应力弦支穹顶结构施工监控 [J]. 北京工业大学学报，2008，34（2）：150-154.

[17] 刘学春，张爱林，葛家琪，等. 施工偏差随机分布对弦支穹顶结构整体稳定性影响的研究 [J]. 建筑结构学报，2007，28（6）：76-82.

[18] 秦亚丽. 弦支穹顶结构施工方法研究和施工过程模拟分析 [D]. 天津：天津大学，2006.

[19] 黄呈伟，陈燕. 索穹顶的施工张拉及其模拟计算 [J]. 昆明理工大学学报，2000，25（1）：15-19.

[20] 翁雁麟. 对管桁架结构和弦支穹顶结构相关技术问题的研究 [D]. 宁波：浙江大学，2006.

[21] 日本钢结构协会. 鋼構造技术总览 [M]. 东京：技报堂出版，1998.

[22] 秦亚丽. 弦支穹顶结构施工方法研究和施工过程模拟分析 [D]. 天津：天津大学，2006.

[23] 卓新，石川浩一郎. 张力补偿法及其在预应力空间结构中的应用 [C]. 第二届全国现代结构工程学术报告会论文集，2002：310-316.

[24] 郭云. 弦支穹顶结构形态分析、动力性能及静动力试验研究 [D]. 天津：天津大学，2004.

[25] 郭云，陈志华. 改进的张力补偿法在弦支穹顶结构 ANSYS 程序分析中的应用 [J]. 工业建筑（增刊），2003：343-347.

[26] 张其林. 索和膜结构 [M]. 上海：同济大学出版社，2002.

[27] 李咏梅，王勇刚，张毅刚. 索承网壳结构成形阶段拉索张拉顺序的研究 [J]. 施工技术，2007，36（3）：24-27.

[28] Robert G，Sexsimth. Reliability during Temporary Erection Phases [J]. Engineering structures，1998，20：999-1003.

[29] 崔晓强，高振峰，李子旭，等. 大型复杂临时支撑简化分析方法 [J]. 空间结构，2005，3：45-49.

[30] 何幼刚. 上海八万人体育场马鞍型大悬挑空间钢结构安装技术 [J]. 建筑钢结构进展，2003（1）.

[31] 郭彦林，缪友武，娄俊杰，等. 澳门综合体育馆主桁架整体提升及提升塔架分析 [J]. 建筑结构学报，2005（2）：17-24.

[32] 邵茂，张从思. 国家大剧院壳体钢结构吊装施工 [J]. 施工技术，2004（5）：6-11.

[33] 刘涛. 大跨度空间结构施工的数值模拟与健康监测 [D]. 天津：天津大学，2006.

[34] 郭云. 弦支穹顶结构形态分析、动力性能及静动力试验研究 [D]. 天津：天津大学，2003.

[35] 陆赐麟，尹思明，刘锡良. 现代预应力钢结构 [M]. 北京：人民交通出版社，2003.

[36] Makowsk Z S. Analysis，design and construction of braceddomes [M]. Nanjing：Jiangsu Science Technology Press，1992.

[37] 崔晓强，郭彦林. Kiewitt 型弦支穹顶结构的弹性极限承载力研究 [J]. 建筑结构学报，2003，24（1）：74-79.

[38] 陈志华，窦开亮，左晨然. 弦支穹顶结构的稳定性分析 [J]. 建筑结构，2004，35（5）：46-48.

[39] 崔晓强，郭彦林. 弦支穹顶结构的抗震性能研究 [J]. 地震工程与工程振动，2005，25（1）67-75.

[40] 刘慧娟，韩庆华. 弦支穹顶结构在地震作用下的动力稳定性研究 [J]. 天津理工大学学报，2007，

23 (2) 84-88.

[41] 李永梅，张毅刚. 新型索承网壳结构静力、稳定性分析 [J]. 空间结构，2003，9 (1)：25-30.

[42] 李永梅，张毅刚. 肋环型索承网壳结构的稳定性和参数分析 [J]. 北京工业大学学报，2004，30 (1)：76-80.

[43] 杨瑞刚. 大型钢结构系统失效模式与系统可靠性研究 [D]. 太原：太原科技大学，2004.

[44] 董聪. 现代结构系统可靠性理论及其应用 [M]. 北京：科学出版社，2001.

[45] 赵海峰，蒋迪. ANSYS8.0 工程结构实力分析 [M]. 北京：中国铁道出版社，2004.

第 5 章　施工期控制理论

施工过程中的不确定因素是非常多的，这些因素也是无法避免的，所以解决它们是非常重要的事情。这些因素包括的种类繁多，或者是施工材料，或者是施工方法，天气情况等自然因素也包括其中。它们都或多或少地影响了施工质量。所以，施工控制理论是能够有效解决问题的理论依据。

5.1　传统施工控制理论

经典控制理论是依据简单函数进行控制的理论，它所有的控制都是建立在基本运算函数上的，它对施工的控制和分析都是通过人为估算的结果进行相似记录。它的控制对象是最基本的，比较简单，控制的对象非常单一，许多东西都不能联系在一起，在施工中也有许多困扰。它的运算方向是一面型的，不能满足人们的需求，随着科技的进步，出现了被淘汰的趋势，许多工程都不再运用这种控制理论。所以，经典控制理论逐渐走出了人们的视线，但后来的控制理论也是由它演变出来的，以它作为基础进行的改进和创新。

5.1.1　分析内容

施工控制方法都是建立在施工控制理论基础上的，理论是基石。我们在施工控制理论的基础上进行了施工控制方法的探讨。施工控制方法包括以下三种，下面将进行逐一介绍。

5.1.1.1　开环控制

开环控制是根据经典控制理论发展出来的，是最早出现的施工控制方法，所以发展得已经比较完善，也有了一定的成果。但该方法因为最早的理论是有许多缺陷的，所以施工中有许多限制。因为施工控制理论的基础是简单函数，所以控制是单向的，不能完美地结合施工实况，经常出现控制不到位的情况，所以，这种施工方法只能运用在比较简单的施工项目中，也就是简单的钢结构中。而且，它对施工过程中遇到的一些不可预测的事情也是无法完善解决的，所以，在比较小的工程中运用是最为适合的。

5.1.1.2　闭环控制

开环控制只能运用在简单的施工中，但随着社会的不断发展，复杂建筑物逐渐增多，所以，学者们都在不断地进行创新，将理论依据提升为符合现代需求的，施工控制方法也提升为闭环控制。所以，在较为复杂的施工控制中，我们一般都采用闭环的控制方法。这种闭环控制方法可以进行反推，检验正推是否正确，从而减少了事故发生率。这种闭环的反馈系统控制精确度很好，为我们大多数的大跨度空间钢结构做出了许多的贡献，不但减少了许多误差的出现，也提升了我国的建筑业水平。

5.1.1.3　自适应控制

自适应控制是目前来说最为先进的施工控制方法。以往的控制方法在每一次计算过程中有近似，所以出现了微小的误差。而自适应控制方法直接避免了这种计算过程中的误差，使建筑物质量得到了提高。在建筑物施工过程中，有许多需要计算的数学量，比如材料容量、截面宽度等，或许微小的误差在施工时不会有明显的表现，但从长远看来，是非常危险的。而自适应控制方法在施工阶段中，不断地进行重复计算，而且是进行循环，所以误差出现的几率已经减小到了最小。在这种不断的重复计算中实现自适应，系统自身进行磨合，不断地与施工实际状况进行数据对比，必然会计算出最符合建筑设计的数据，这种方法的精确度比开环控制和闭环控制的准确度都要高，它的理论依据属于智能控制理论。但自适应控制方法也有许多不足。在现实施工中还有许多人为因素影响施工状况，而自适应控制将所有因素都用数据去计算，将现实因素忽略，所以也出现了施工控制中的偏离。所以，有的时候计算结果和现实中是不完全相同的，这就需要施工管理人员和技术人员进行合理的判断，不能一味地依靠数据进行施工。自适应控制方法是不断地重复计算的，所以可能多次计算出不同的数据，这就导致所识别的数据不同，让施工所依据的数据有了变化，施工中选择数据也成了难题，增加了施工的难度。

5.1.2　刚性结构施工控制

在进行站房网架施工的过程中，必须要注意施工中的要点，控制好网架框架轴线支座尺寸、起拱要求、网格安装、紧固以及焊接（要预放焊接收缩量）等各方面。在实际施工的过程中需要根据网架的实际结构来选择合适的施工方案，确保施工方案经济、可行、安全的总体施工目标。在进行网格安装中需要注意下弦平面网格、上弦倒三角网格、下弦正三角网格的实际安装方法的区别，根据具体的施工要求来进行。但是，施工必须要保证网架的稳定性，检查网架的整体挠度，控制整体的施工质量。针对中间跨度大的网架，需要选择整体吊装、分块吊装、滑移等方法来进行，但在实际施工过程中会受到现场施工条件的限制，要根据现场的条件选择合适的施工方法，在施工过程中必须考虑工期、质量和安全等多项因素，从而通过方案比选确定适合本工程的施工方案。

（1）温度变形控制

温度变形对钢结构构件的制作安装造成了严重影响，在实际工程中，减少和避免因温度产生的钢结构变形尤为重要，所以钢结构变形控制就显得尤为突出。

1）弹性变形控制，温度升高后钢构件产生膨胀，在温度降低后能恢复到原状。这种变形对大断面、空间桁架以及复杂的网架现场安装影响极大，需要设计伸缩缝从而解决温度变化产生的影响，在不设伸缩缝的情况下，施工过程中分段设置合龙缝，且选择环境温度相对适宜的时间段对合龙缝施工，一般情况是在温度较低时进行合龙施工。

2）塑性变形控制，在温度变化之后钢材产生变形不能恢复到原状，产生永久变形。这种变形主要来自高热量输入如焊接，所以在拼接时要尽量减少焊缝截面积，在得到完好无超标缺陷的前提下，尽可能地采用较小的坡口尺寸（角度和间隙）和热量输入较小的焊接方法（焊接时要按工艺评定中的焊接电流控制，允许有 $10\%\sim15\%$ 的浮动），如 CO_2 气体保护焊。还可以采用冷却法，使钢构件在焊接时产生的温度迅速散去，减少焊接温度变形产生的影响。

（2）施工过程的临时支架变形控制

在钢结构网架施工过程中，临时支架的设计、安装以及拆卸是非常重要的。铁路站房在实际钢结构施工过程中会用到大量的钢材，需要进行大量的吊装作业，因而需要的临时支架也非常多。在实际施工过程中，必须注意临时支架的设计方案以及实际的安装方式，与钢结构网架的施工联系在一起，通过大型设备吊车等多种方式来保障临时支架的安装有效。临时支架在施工阶段和使用阶段受力往往相差很大，因此必须考虑施工过程中的构件吊装和安装时结构及构件的应力变形以及临时支架体系的强度、稳定性等问题。同时，应该尽量避免在拆卸过程中可能遇到的风险，尤其是避免临时支架在卸载过程中出现整体失稳状态。

（3）测量定位控制

在测量开始之前应当先做好主控线两端并建设控制网，设置总测量控制点。在测量期间总控制点应当作为基点制定详细的网架测量控制坐标，按照网架安装的图纸准确地计算出所有支座的标高与坐标，并应用全站仪做好现场的标定。网架的测量控制工作必须从预埋钢板着手。网架拼装期间应当做好跟踪测量，严格控制小拼单元的偏差，预防累积误差的产生，特别是在最初的试拼装期间，应当提升测量频率并提升拼装的精度。另外，在施工中需要注重网架结构的拼装，从两侧进行并将拼装误差进行分散化处理。

（4）网架拼装控制

在组装网架期间，需要先将部分杆件组装在小拼单元，并将小拼单元的外伸杆件对准相应的螺栓球，并基于下弦杆、腹杆以及上弦杆逐渐替代为螺栓旋入螺孔。在平台上应用砖垛、木方垫高到下弦球的设计标高，并分别将小拼单元组装完成后在本跨支座上就位，并重复进行操作完成整个网架组装。在网架拼装施工期间的质量控制主要有：

1）检查所有跨间的制作就位以及受力情况下，需要对正柱顶轴线、中心线，应用水平仪对标高进行复核，如果发现误差应当及时纠正。

2）安装第一跨间下弦球和杆组间成为纵向平面网格，安装腹杆和上弦球，最后安装上弦杆。网架的整体挠度可以借助上、下弦的尺寸进行调整。

3）在每个跨间安装完成后都应当及时对网格尺寸以及网架纵向的尺寸进行检查。

4）安装期间应当随时进行丝扣质量的检查，清理螺栓孔同时需要保障高强度螺栓拧入螺栓球内部，螺纹的长度应当控制在高强度螺栓直径以上，连接位置不能出现间隙或松动。

5）完成正三角锥之后，需要及时检查四方网格尺寸的误差控制，逐渐调整螺栓的紧固处理。

6）在螺栓球节点连接组件期间，需要分阶段并逐渐拧紧，在任何杆件施工中应当规避一次拧紧，需要维持节点连接部位的均匀性受力。

7）安装施工期间需要严格将网架的杆件、螺栓节点连接到位，预防网架结构受力以及内力分配不均匀现象。

8）及时检查网架并进行调整，应用网架高强度螺栓达到重新紧固的效果，如果拧不动则应当及时拧开并寻找原因并处理，预防螺栓假拧。

综上所述，大跨度刚性空间钢结构施工质量控制要求相对较高，在施工中需要严格根据施工设计以及施工规范做好施工管理工作，明确施工中的质量控制重点，从而推动施工技术持续发展。

5.1.3　非刚性结构施工控制

与传统结构（刚性结构）相比，非刚性结构的施工控制问题尤为突出。由于施工过程中各类误差的积累，仅按理想状态分析结果（如设计中的结构分析结果）进行施工可能导致结构最终几何位形与设计位形存在不能容许的差别。结构的最终性态同结构的施工过程极为密切，结构具有成形前弱刚性、几何形体随张拉力增大而显著变化等特征。施工中的疏忽可能影响到下一阶段施工，造成结构安装的困难，甚至导致成形后结构的几何形体与设计要求相去甚远。因此在弦支穹顶结构施工过程中有必要进行施工控制，确保成形后的结构满足建筑美观和使用功能的要求。

对非刚性结构施工控制的研究在大跨度索桥方面进行得较多。陈务军等[1]指出斜拉桥的施工控制分析应确定各施工阶段的理想状态，并通过施工实时控制，调整索力以获得理想的外形。陈德伟等[2]基于工程控制论思想，提出一个实用的控制系统来实现对斜拉桥外形和索力的现场控制。对于施工中的累积误差，钟万勰、Ko JM、Zhong Y 等[3-5]提出用调整索长来控制结构的位移和索内拉力，以获得理想的外形。文献［6］对张弦梁结构的施工控制进行了研究，参考电液伺服加载过程，提出了针对平面预应力结构的伺服施工过程。

大跨度索桥、张弦梁结构的施工控制与弦支穹顶结构有类似的方面，例如结构实际参数确定的必要性、张拉过程在施工中的关键地位以及张拉过程中位形控制的重要性等，因此大跨度索桥尤其是平面张弦梁结构关于施工控制的研究成果对空间弦支穹顶施工控制的研究具有一定的参考价值。

目前空间弦支穹顶的施工控制理论还未见文献发表，实际工程的施工控制是依靠经验、逐级调整预拉力的施加量来获得设计位形。虽然这种经验方法已成功建造了多座弦支穹顶结构，然而其局限性也是明显的，这种调整方法缺乏科学分析的支持，没有查明造成实际结构与理想模型之间差别的原因就去调整张拉力，不仅增加了施工步骤，而且施工完成的结构未必能最佳地满足设计要求。非刚性结构合理的施工控制方法是基于每一施工进程时段结构性态反馈结果，在对实际结构和施工过程科学分析的基础上，有目的地对结构参数和施工参数进行调整。

5.2　双控伺服施工控制理论

对于空间预应力结构而言，合理的施工控制应该是在对实际结构体系和施工监测结果科学分析的基础上，有目的地对结构参数和施工参数进行调整。对一个完全满足设计要求的理想弦支穹顶结构，施工完成后的几何位形以及在使用荷载下结构的反应是确定的。为获得所需的结构，在施工前通常会制定一套施工方法，按照施工方法进行施工找形确定每一施工阶段的任务及其目标，例如确定某一级张拉力大小及本级张拉结束后结构的变形。由于实际结构材料、几何及连接与理想结构的差异，在某施工阶段结束后，结构的反应并不一定符合本阶段的目标，应该分析导致差异的原因，修正分析模型，根据结构分析结果调整下一施工阶段的施工方案，形成"施工方法→施工找形→结构施工→反应监测→参数识别→模型修正→施工方法"的施工过程。这与顶升或吊装平面结构[7]的伺服过程相似，因此，称之为空间结构伺服施工过程。

文献［7］针对平面张弦梁结构施工提出了一种基于电液伺服思想的伺服施工方法。该方法是对施工过程中的支座摩阻力进行参数识别，并修正结构分析模型，提出了基于系统结构分析的张弦梁结构施工控制方法：张拉目标修正→结构性态预测→参照张拉力→施工方案调整。该控制方法是针对平面结构进行的施工伺服控制，在施工前期对结构进行找力分析并未进行施工找形；结构只有一道平面拉索，而对于弦支穹顶结构这样的空间预应力结构而言，伺服施工过程必须考虑空间索相互影响造成的预应力损失以及张拉点布置数量等施工参数的影响，并且在不同的施工参数下，结构具有不同的支座摩阻力、索撑节点摩阻力。因此，本节在已有文献研究的基础上，对弦支穹顶结构这样的空间预应力结构进行伺服施工过程研究。

5.2.1　施工进程双控找形分析

5.2.1.1　考虑施工进程的弦支穹顶结构非线性分析

由于弦支穹顶结构柔度相对较大，需要考虑几何非线性的影响。本节推导建立弦支穹顶结构施工过程分析的结构非线性有限元分析格式。

在施工过程中，结构不断增长，同时外部荷载、结构位移不断变化，直至结构最终成形，因此，基于成形结构的分析方法不能模拟结构不断增长的过程，也无法正确反映施工过程中结构的响应和安全性。所以本节推导建立弦支穹顶结构施工进程的非线性有限元分析格式。

弦支穹顶结构施工进程中随着杆件不断增加，结构刚度矩阵和荷载列阵在不断变化。对于施工进程的某一阶段 i，可以利用几何非线性有限元法建立结构在该阶段的内力和位移的分析格式。

非线性分析中，需要以结构变形前的原始构型作为基本参考构型，确定当前施工阶段（第 i 阶段）结构的节点位移与上一施工阶段（第 $i-1$ 阶段）的节点位移之间的关系：

$$\{a^i\} = \{a^{i-1}\} + \{\Delta a^i\} \tag{5-2-1}$$

式中　$\{a^i\}$、$\{a^{i-1}\}$——分别为施工进程中第 i 阶段及第 $i-1$ 阶段弦支穹顶结构节点位移；

$\{\Delta a^i\}$——节点在第 i 阶段增加的位移，且有

$$\{a^i\} = \begin{Bmatrix} a_e^i \\ a_n^i \end{Bmatrix}, \quad \{a^{i-1}\} = \begin{Bmatrix} a_e^{i-1} \\ a_{0n}^i \end{Bmatrix}, \quad \{\Delta a^i\} = \begin{Bmatrix} \Delta a_e^i \\ \Delta a_n^i \end{Bmatrix} \tag{5-2-2}$$

其中，下标 e 表示结构在施工进程的上一阶段已安装好的节点；下标 n 表示当前阶段 i 新增节点；$\{a_{0n}^i\}$ 表示当前阶段新增节点的初始位移，通常由两部分组成：其一是因已有节点发生位移 $\{a_e^{i-1}\}$ 而使新增节点随之产生的刚体位移，其二是在模拟拉索单元预应力时而施加的初位移，将在下一节详细介绍。

由于刚度矩阵与节点位移相关，可以更新结构切线刚度矩阵：

$$[K_T^i(a^i)] = [K_T^{i-1}(a^i)] + [\Delta K_T^i(a^i)] \tag{5-2-3}$$

式中　$[K_T^i]$、$[K_T^{i-1}]$——分别为施工进程第 i 阶段和第 $i-1$ 阶段的结构切线刚度矩阵；

$[\Delta K_T^i]$——施工进程第 i 阶段结构新增部分的切线刚度矩阵。

基于结构切线刚度矩阵，可将改写为增量形式：

$$[K_{\mathrm{T}}^i(\{a^i\})]\{\Delta a^i\} = \{\Delta F^i\} \tag{5-2-4}$$

采用 Newton-Raphson 法求解上式可以得到 $\{\Delta a^i\}$。将 $\{\Delta a^i\}$ 代入式（5-2-1）可进一步确定施工进程第 i 阶段弦支穹顶结构的节点位移 $\{a^i\}$。

此时施工中准结构在外荷载作用下达到暂时的平衡。根据上面求得的节点位移 $\{a^i\}$，进一步计算当前阶段结构平衡态的节点坐标 $\{X\}$：

$$\{X\} = \{X^i\} + \{a^i\} \tag{5-2-5}$$

式中　$\{X^i\}$——施工进程第 i 阶段的结构放样态的节点坐标，是在第 $i-1$ 阶段结构的节点坐标 $\{X^{i-1}\}$ 基础上更新得到的，且

$$\{X^i\}^{\mathrm{T}} = [\{X^{i-1}\}^{\mathrm{T}}, \{X_{\mathrm{n}}^i\}^{\mathrm{T}}] \tag{5-2-6}$$

式中　$\{X_{\mathrm{n}}^i\}$——第 i 阶段新增加节点的坐标。

在求得结构节点位移的基础上，可以容易地求得各节点内力，并可从中提取结构平衡态的环索索力 $\{T\}$。

重复上述过程可以完成对整个施工进程的模拟分析，得到施工各阶段结构平衡态的坐标 $\{X\}$ 和环索索力 $\{T\}$。

5.2.1.2　基于双控法的结构施工找形

弦支穹顶结构施工找形分析和计算的关键步骤是寻找到合适的施工放样态节点坐标 $\{X\}_z$ 和环索初应变 $\{\varepsilon\}$，使得分阶段施工完毕后弦支穹顶结构在外荷载下达到平衡态时其节点坐标 $\{X\}$ 和环索索力 $\{T\}$ 分别与结构设计态的节点坐标 $\{X\}_d$ 和环索索力 $\{T\}_d$ 相吻合。

迭代计算 $\{X\}_z$ 和 $\{\varepsilon\}$ 的步骤详述如下：

第一步迭代计算中，首先取放样态节点坐标和环索初应变环索索力分别为：

$$\{X\}_z^1 = \{X\}_d, \quad \{\varepsilon\}^1 = -\{T\}_d/(E_{\mathrm{c}}A_{\mathrm{c}}L_{\mathrm{c}}) \tag{5-2-7}$$

式中　E_{c}、A_{c}、L_{c}——分别为环索弹性模量、面积和长度。

该索单元的节点初位移 $\{a\}_0^1$ 由下式确定：

$$\{a\}_0^1 = L_{\mathrm{c}}\{\varepsilon\}^1 \tag{5-2-8}$$

然后根据 $\{X\}_z^1$ 和 $\{\varepsilon\}^1$ 可建立弦支穹顶结构施工分析的几何非线性有限元模型，在利用式（5-2-4）求得结构的节点位移和杆件内力的基础上，可以利用式（5-2-5）求得结构平衡态的节点坐标 $\{X\}$，并从杆件内力中提取所需的环索索力 $\{T\}$。然后将本次迭代步所得的 $\{X\}$ 和 $\{T\}$ 与弦支穹顶结构设计态的 $\{X\}_d$ 和 $\{T\}_d$ 相比较，判断该迭代步计算结果是否满足如下收敛条件：

$$e_1 \leqslant \delta_1 \quad \text{且} \quad e_2 \leqslant \delta_2 \tag{5-2-9}$$

其中，δ 为收敛容差，此处取 $\delta_1 = 0.5\%$，$\delta_2 = 5\%$；误差 e_1 和 e_2 为：

$$e_1 = \max(s_1, s_2, \cdots, s_N), \quad e_2 = \max(t_1, t_2, \cdots, t_M) \tag{5-2-10}$$

式中

$$s_k = \|\{X\}_{k,\mathrm{d}} - \{X\}_k\|_2 \quad k = 1, 2, \cdots, N \tag{5-2-11}$$

$$t_j = \|\{T\}_{j,\mathrm{d}} - \{T\}_j\|_2 \quad j = 1, 2, \cdots, M \tag{5-2-12}$$

式中　$\{X\}_k$、$\{T\}_j$——分别为结构在外荷载下达到平衡时节点 k 的坐标和环向拉索 j 的索力；

$\{X\}_{k,d}$、$\{T\}_{j,d}$——分别为结构在设计态时节点 k 的坐标和环向拉索 j 的索力；

N、M——分别为结构节点数和结构环索单元数；

$\| \quad \|_2$——欧几里得范数2算子。

若 e_1、e_2 不能同时满足收敛要求，则需要按照下式修改弦支穹顶结构施工放样态坐标和环索初应变：

$$\{X\}_z^2 = \{X\}_z^1 + \{\Delta X\}_1, \{\varepsilon\}^2 = \{\varepsilon\}^1 + \{\Delta T\}_1/(E_cA_cL_c) \qquad (5\text{-}2\text{-}13)$$

式中 $\{\Delta X\}^1$、$\{\Delta T\}^1$——分别为第一轮计算中弦支穹顶结构平衡态和设计态之间在坐标和环索索力上的偏差，且有

$$\Delta\{X\}_1 = \{X_d\} - \{X\}^1, \Delta\{T\}_1 = \{T_d\} - \{T\}^1 \qquad (5\text{-}2\text{-}14)$$

式中 $\{X\}^1$、$\{T\}^1$——分别为第一轮计算中弦支穹顶结构平衡态坐标和环索索力值。

此时索单元的节点初位移为：

$$\{a\}_0^2 = L_c\{\varepsilon\}^2 \qquad (5\text{-}2\text{-}15)$$

然后根据 $\{X\}_z^2$ 和 $\{\varepsilon\}^2$ 建立弦支穹顶结构施工分析的几何非线性有限元模型，在利用式（5-2-4）求得结构的节点位移和杆件内力的基础上，可以利用式（5-2-5）求得结构平衡态的节点坐标 $\{X\}$，并从杆件内力中提取所需的环向索索力 $\{T\}$。然后将第二迭代步所得的 $\{X\}$ 和 $\{T\}$ 与弦支穹顶结构设计态的 $\{X\}_d$ 和 $\{T\}_d$ 相比较，判断该迭代步计算结果是否满足式（5-2-9）所示的收敛条件。

重复上述过程，直到第 n 轮计算结果满足收敛条件，也就是说，该轮计算所得结构平衡态的构型及索力值 $\{X\}$ 和 $\{T\}$ 与二者的设计值 $\{X\}_d$ 和 $\{T\}_d$ 基本吻合，则第 n 轮计算所取的 $\{X\}_z^n$ 和 $\{\varepsilon\}^n$ 即为所求的结构施工放样态 $\{X\}_z$ 和初应变 $\{\varepsilon\}$。

5.2.1.3 小结

基于所推导的施工期弦支穹顶结构索力和几何位形的时变计算模型，针对目前弦支穹顶结构施工中常用的逐环张拉环索施工法，建立了考虑施工工艺和施工进程影响的弦支穹顶结构双控施工找形算法。

弦支穹顶结构施工找形分析时是否考虑施工进程对找形结果具有显著影响，算例对比分析表明，本节提供的考虑施工进程找形方法，可精确计及实际结构的几何非线性、施工顺序及各种施工工艺因素的影响，可获得高精度的成形态位形和拉索索力，进而可建立与设计态更为符合的弦支穹顶结构。

由于实际施工中的外部环境、材料特性及构件制作尺寸等方面均存在随机性和制造误差，因此，需要及时获得施工进程中控制量的随机反馈值，以便据此进行实时修正，使施工结果最大限度地逼近设计理想状态，也是作者目前致力于研究的内容。

5.2.2 双控伺服施工进程分析

5.2.1节考虑弦支穹顶结构施工进程中随着杆件不断增加，结构刚度矩阵和荷载列阵在不断变化的特点，针对施工进程的某一阶段 i，利用几何非线性有限元法建立了结构在该阶段的内力和位移的分析格式，即考虑施工进程的弦支穹顶结构非线性分析格式，重复该分析格式，可得到施工各阶段结构平衡态的坐标 $\{X\}$ 和环索索力 $\{T\}$。

在5.2.1节推导过程中并没有考虑索撑连接处摩阻力的作用。如果考虑索撑连接处摩阻力的作用，索杆连接点不再共用一个节点。连接处的撑杆下端节点 N_s^2 与环索节点 N_c^2

之间建立弹簧单元，如图 5-2-1 所示。弹簧单元沿环索方向的刚度 k_t 可按照索撑节点的摩擦力系数 $\{f_n\}$ 确定。在处理式（5-2-4）时，将各个索撑节点处弹簧单元刚度 $[K_t]^e$ 一并集入结构切线刚度矩阵。同时在索撑节点处，考虑环索的环向可滑移性质，撑杆节点位移 $\{a_s\}^e$ 与对应环索节点位移 $\{a_c\}^e$ 不完全独立，存在 x、z 向分量彼此相等的约束条件，可据此约束修改式（5-2-1）、式（5-2-2)中结构节点位移 $\{a^i\}$ 的相应项。因此，考虑索撑节点摩阻力影响的关键是正确计算 $\{f_n\}$，然后根据上述步骤就可以修正结构切线刚度矩阵，然后开展对位形和索力的计算。

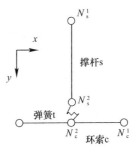

图 5-2-1　撑杆—环索连接

基于上述考虑施工进程的弦支穹顶结构非线性分析格式，5.2.1 节从寻找合适的施工放样态节点坐标 $\{X\}_z$ 和环索初应变 $\{\varepsilon\}$ 出发，采用了外形和索力同时控制的收敛准则，推导了分阶段施工完毕后，结构在外荷载下平衡态时的节点坐标 $\{X\}$ 和环索索力 $\{T\}$ 与结构设计态时的节点坐标 $\{X\}_d$ 和环索索力 $\{T\}_d$ 相吻合的迭代计算格式，即获得了基于双控法的结构施工找形算法。

本节在前述基于双控法的结构施工找形算法基础上，推导建立基于双控法的伺服施工过程的有限元分析格式。

首先，按照已求的放样态 $\{X\}_z$，加工制作全部构件尺寸。进行单层网壳结构吊装。监测网壳节点安装后的几何坐标 $\{X\}_{moni}$，则此时结构节点坐标：

$$\{X\}_0 = \{X\}_{moni} \tag{5-2-16}$$

根据上式修正式（2-48）中的相关参数，以达到修正数值模型的目的。

假定此时外形最大误差为 e，则

$$e = \mathrm{abs}(\{X\}_0 - \{X\}_z) \tag{5-2-17}$$

若 e 满足

$$e < \delta_e \tag{5-2-18}$$

则无需更改张拉目标值，式中 δ_e 为位形最大容许误差值。反之，若 e 不满足式（5-2-18），则需线性调整张拉目标，重新进行双控施工找形，确定各个施工阶段的施工索力控制值和施工位移控制值。

按照修改后施工控制值进行第一阶段预拉力施工。同时，监测该次施工结束时控制点的位移 $\{X\}_1$ 和拉索预拉力 $\{T\}_1$。

采用 $\{X\}_1$ 和 $\{T\}_1$，利用基于 BP 神经网络[10,11]编制的索撑节点摩阻力识别程序[12]，根据当前关键点的位移和索力，对结构此时的各环索撑节点摩阻力系数 $\{f_n\}_1$ 进行识别计算。若

$$\mathrm{abs}(\max \{f_n\}_1) < \delta_f \tag{5-2-19}$$

则认为摩阻力足够小，无需修改刚度矩阵，式中 δ_f 为摩阻力系数最大容许误差值。反之，则根据前述理论，利用 $\{f_n\}_1$ 修正结构的刚度矩阵方程，达到与实际结构相符的目的。重新进行施工找形，寻找后续施工阶段的施工索力控制值和位移控制值，以进行后续阶段施工。同时，预测调整模型后结构的形态，使其满足要求。

按照寻找到的新的施工索力控制值进行下一阶段的施工。同时，监测该阶段施工完毕后结构和辅助结构的索力 $\{T\}_2$ 和控制点位移 $\{X\}_2$。

对每一个施工阶段重复以上过程，即可完成对结构基于双控法的伺服施工过程控制。

基于结构几何非线性有限元法，推导了弦支穹顶结构施工过程非线性有限元分析格式，针对索撑节点摩阻力对结构的实际影响，分析了索撑节点摩阻力对结构非线性刚度矩阵形成的修正算法，进而提出了可考虑索撑节点摩阻力的基于对外形和索力双控的伺服施工过程方法，并编制了相应算法。实例分析结果表明该算法可实现对施工过程的外形和预拉力的双重控制，且施工成形终态可最大精度获取设计态所需的结构位形和索力。由于张拉目标和参照张拉力是根据结构实际参数并经系统结构分析之后确定的，避免了反复调整张拉力，整个施工过程更为合理方便，该方法对于采用张拉环索法施工的弦支穹顶结构具有一定的普适性。

实际中影响弦支穹顶结构成形性态的不可测量因素众多，如何系统考虑众多因素的影响，建立与实际张拉过程更为符合的伺服施工过程方法，也是作者目前正致力于研究的内容。

5.2.3 施工期失效模型与稳定承载力分析

全国有 80% 的结构倒塌事故是在施工过程中发生的[13]。93m 跨度的布加勒斯特穹顶建成后不久，由于没有预先进行确切的施工分析，且对结构施工中的失效机理没有深入认识，结构在毫无先兆的情况下倒塌[14,15]。实际工程中常采用施工分析结合经验调整法（预应力超张拉）进行弦支穹顶结构预应力张拉施工控制，缺乏足够的科学依据。针对弦支穹顶结构施工失效模式的相关研究滞后于该结构的工程应用。因此，有必要对大跨度弦支穹顶结构的施工期结构失效模式进行研究，在事故发生之前做到预警、预防，达到保障结构安全施工的目的。

目前有关半刚性结构失效模式的文献主要集中在静、动力分析方面。文献［16］采用通用有限元软件 ANSYS，研究了对称荷载、半对称荷载作用下索穹顶结构的失效模式。文献［17］针对索杆体系的可靠度进行了研究，分析了位移失效和应力失效模式下结构的可靠指标。文献［18］运用动力稳定理论和考虑材料、几何双重非线性的时程分析方法，研究了凯威特型弦支穹顶结构的动力失效模式。针对弦支穹顶结构施工期失效模式的文献尚不多见，尤其是预应力张拉过程中，准结构的失效机理尚未得到共识，如何在施工中合理控制预应力水平也没有受到应有的关注，这些问题的研究和解决将有利于建立更为经济、合理的弦支穹顶结构。

为了研究成形过程中预应力对弦支穹顶结构受力和变形形态的影响，并合理控制预应力张拉水平，针对弦支穹顶结构张拉环向索的预应力施工方案，基于特征值分析理论，结合系统失效准则，采用有限单元法，研究建立了弦支穹顶结构施工过程失效判别方法及预警参数选取方法，在此基础上分析了弦支穹顶结构预应力超张拉失效模式及预警参数。

实际工程结构通常很复杂，不同系统中的结构所发挥的作用和系统对结构的要求是不相同的，因此，结构系统失效的具体定义应针对其具体要求和在工程中的作用而确定[19]。一般情况下，结构失效的含义为结构不能再按照设计要求承受外荷载、结构在外荷载作用下其变形超过规定设计要求或结构系统退变成机构。系统失效大致归纳为 3 种[20]：

（1）结构已失效单元数达到某一特定值，结构变为机构；

（2）结构已失效单元数达到某一特定值，根据经验或规范出于刚度考虑认为结构已不再适于承受所加外荷载；

（3）结构整体失效或结构整体承载能力首次出现下降现象。

第 1 种失效准则是一种理想准则，没有考虑经验因素，比较适合于小型结构。第 2、3 种失效准则都是经验准则，便于工程中进行检验和实际操作。

施工过程中弦支穹顶结构失效的判别方法可根据第 3 种失效准则的理念进行研究，定义施工过程中弦支穹顶结构失效含义为：施工阶段的结构在预应力和自重作用下，当预应力张拉到一定水平 P_{cr}，结构发生整体或局部失稳而失效，则 P_{cr} 为预应力屈曲临界荷载。在不同的临界屈曲荷载下，结构对应不同的屈曲模态。求解屈曲临界荷载主要有两种方法，分别为线性特征值方法和非线性荷载-位移全过程方法。本节采用考虑预应力效应的线性特征值方法，该方法与采用荷载-位移全过程分析的非线性相比，该方法是非线性计算结果的上限，求解更为快速、有效。

已有研究将特征值分析应用于弦支穹顶结构使用期的稳定性分析中。文献［21］利用 SAP 有限元软件，采用特征值屈曲分析法，针对弦支穹顶结构的稳定性进行了研究。文献［22］采用 ANSYS 有限元软件，研究了矢跨比、撑杆长度、钢索预应力值等对弦支穹顶结构特征值屈曲的影响。文献［23］针对某实际弦支穹顶结构，分别采用特征值法和非线性稳定分析方法，针对结构在随机施工误差存在下的结构稳定性进行分析比较。目前未见有关特征值方法或基于特征值法的其他方法应用于弦支穹顶结构施工期失效模式的文献发表。

5.2.4　弦支穹顶结构的特征值屈曲模态分析理论

5.2.4.1　基于线弹性有限元法的特征值屈曲模态分析

令 U 为弹性体系的应变能，Π 为总势能，那么

$$\Pi = U - P^{\mathrm{T}} u \tag{5-2-20}$$

式中　P——节点荷载矢量；

　　　　u——节点位移矢量。

根据能量准则，结构的平衡方程可由 Π 的一阶变分导出：

$$\delta \Pi = \delta U - P^{\mathrm{T}} \delta u = 0 \tag{5-2-21}$$

把 U 分解成应变能的线性项 U_{L} 和非线性项 U_{N} 之和，即

$$U = U_{\mathrm{L}} + U_{\mathrm{N}} \tag{5-2-22}$$

$$\delta U_{\mathrm{L}} = \delta u^{\mathrm{T}} K_0 u \tag{5-2-23}$$

$$\delta U_{\mathrm{N}} = \delta u^{\mathrm{T}} \left(\frac{\partial U_{\mathrm{N}}}{\partial u} \right) \tag{5-2-24}$$

式中　K_0——线性刚度矩阵。

将式（5-2-22）代入式（5-2-21）得

$$\delta U_{\mathrm{L}} + \delta U_{\mathrm{N}} - P^{\mathrm{T}} \delta u = 0 \tag{5-2-25}$$

将式（5-2-23）、式（5-2-24）代入式（5-2-25）得：

$$K_0 u + \left(\frac{\partial U_{\mathrm{N}}}{\partial u} \right) - P = 0 \tag{5-2-26}$$

式（5-2-26）是否稳定，可由 Π 的二阶变分：

$$\delta^2 \varPi = \delta u^{\mathrm{T}} K_0 \delta u + \delta u^{\mathrm{T}} \left(\frac{\partial^2 U_{\mathrm{N}}}{\partial u^2} \right) \delta u \qquad (5\text{-}2\text{-}27)$$

的正负来判断。

令

$$\frac{\partial^2 U_{\mathrm{N}}}{\partial u^2} = K_1 + K_2 \qquad (5\text{-}2\text{-}28)$$

那么

$$\delta^2 \varPi = \delta u^{\mathrm{T}} (K_0 + K_1 + K_2) \delta u = \delta u^{\mathrm{T}} K \delta u \qquad (5\text{-}2\text{-}29)$$

式中 K_1、K_2——分别为初始应力刚度矩阵和初始位移刚度矩阵；

K——总刚度矩阵。

由此，对任意虚变分 δu，要使 $\delta^2 \varPi$ 为正，K 必须为正值，即 K 的行列式 Det（K）＞0 为必要条件。

若采用总刚度矩阵的行列式进行稳定性判断，在临界屈曲点处，有

$$\det(K) = 0 \qquad (5\text{-}2\text{-}30)$$

以下根据屈曲条件式（5-2-30），推导结构的屈曲模态。

在应力矢量、位移矢量、荷载矢量分别为 σ、u、p_0 时，有

$$K(\sigma, u) = K_0 + K_1(\sigma) + K_2(u) \qquad (5\text{-}2\text{-}31)$$

当荷载产生增量 $\lambda \Delta p$ 时，则

$$P = P_0 + \lambda \Delta P \qquad (5\text{-}2\text{-}32)$$

此时，有位移增量 $\lambda \Delta u$，应力增量 $\lambda \Delta \sigma$，K 增加到

$$K(\sigma + \lambda \Delta \sigma, u + \lambda \Delta u) = K_0 + K_1(\sigma + \lambda \Delta \sigma) + K_2(u + \lambda \Delta u) \qquad (5\text{-}2\text{-}33)$$

将式（5-2-33）采用 Taylor 展开，略去高阶项得：

$$K(\sigma + \lambda \Delta \sigma, u + \lambda \Delta u) = K_0 + K_1(\sigma) + K_2(u) + K_1'(\sigma, \lambda \Delta \sigma) \Delta \sigma + K_2'(u, \lambda \Delta u) \Delta u$$

$$(5\text{-}2\text{-}34)$$

由于

$$K_1'(\sigma, \lambda \Delta \sigma) \Delta \sigma = \Delta K_1(\sigma, \lambda \Delta \sigma) \qquad (5\text{-}2\text{-}35)$$

$$K_2'(u, \lambda \Delta u) \Delta u = \Delta K_2(u, \lambda \Delta u) \qquad (5\text{-}2\text{-}36)$$

那么

$$K(\sigma + \lambda \Delta \sigma, u + \lambda \Delta u) = K_0 + K_1(\sigma) + K_2(u) + \lambda \{\Delta K_1(\sigma, \Delta \sigma) + \Delta K_2(u, \Delta u)\}$$

$$(5\text{-}2\text{-}37)$$

由于 K_1 是应力的一次函数，所以

$$\Delta K_1(\sigma, \Delta \sigma) = K_1(\Delta \sigma) \qquad (5\text{-}2\text{-}38)$$

当 ΔK_2（u，$\lambda \Delta u$）为位移的一次函数时，有

$$\Delta K_2(u, \Delta u) = K_2(\Delta u) \qquad (5\text{-}2\text{-}39)$$

对于线性屈曲而言，在荷载与位移关系呈线性或近似于线性时，可由结构变形前的状态求得特征值，此时，变形前 σ、u 为零，则

$$|K| = |K_0 + \lambda \{K_1(\Delta \sigma) + K_2(\Delta u)\}| = 0 \qquad (5\text{-}2\text{-}40)$$

如位移增量不产生影响时，有

$$K_2(\Delta u) = 0 \qquad (5\text{-}2\text{-}41)$$

可得

$$K = K_0 + \lambda K_1(\Delta\sigma) \tag{5-2-42}$$

$$|K| = |K_0 + \lambda K_1(\Delta\sigma)| = 0 \tag{5-2-43}$$

式（5-2-43）可理解为存在某个 λ 和相应的 $\{\Delta\delta\}$ 使得位移所产生的力为零，此时，结构总刚度 $K_0 + \lambda K_1(\Delta\sigma)$ 为零，结构失去了抵抗能力进入失稳状态。

如果上述矩阵 K 是 n 阶矩阵，那么求解上述方程，可得到由小到大排列的 λ_2 个特征值 λ_1，λ_2，$\cdots$，λ_n。将其中的最小特征值 λ_1 代入式（5-2-42）和式（5-2-32）可分别求得刚度矩阵 K、第一阶屈曲荷载 P_{cr}。将 K、P_{cr} 代入刚度方程

$$KU = P \tag{5-2-44}$$

可得到结构发生屈曲时的位移 $\{U_1\}$，称之为结构的第一阶屈曲模态。

类似地，可求得第 2 阶乃至第 n 阶屈曲模态。

通常前 6 阶屈曲荷载与 10 阶之后的屈曲荷载相比，高阶屈曲荷载有明显的增加，在实际工程中按照高阶模态发生失稳的可能性较小。所以在本节的计算中，选取了前 6 阶的屈曲模态进行屈曲荷载的求解。

5.2.4.2　初始缺陷的施加及屈曲荷载的迭代求解

在进行考虑初始缺陷特征值分析时，根据前述的前 6 阶屈曲模态，设定相应的初始缺陷幅值：

$$\Delta = \frac{L}{300} \tag{5-2-45}$$

以下以第 1 阶屈曲模态为例加以说明。

假定第 1 阶屈曲模态 $\{U_1\}$ 中最大节点位移为 U_{max1}，U_{max1} 和 Δ 的比例为：

$$c_1 = \frac{\Delta}{U_{max1}} \tag{5-2-46}$$

将第 1 阶屈曲模态 $\{U_1\}$ 按照 c_1 同比例缩为：

$$\{U'\}_1 = c_1\{U\}_1 \tag{5-2-47}$$

将 $\{U'\}_1$ 作为结构的初始位移，施加到弦支穹顶结构中，得到引入初始缺陷后结构的构型。此构型是与第 1 阶屈曲模态 $\{U_1\}$ 相对应的。进而求出前 6 阶的屈曲荷载 P_{11}，P_{21}，$\cdots$，P_{61}，并计算出相应的屈曲模态 $\{U\}_{11}$，$\{U\}_{21}$，$\cdots$，$\{U\}_{61}$。

以上是按照第 1 阶屈曲模态在结构中引入初始缺陷，进而求出的新的屈曲荷载和屈曲模态。

类似地，可按照 $\{U'\}_2 = c_2\{U\}_2$ 得到第 2 阶的屈曲模态 $\{U'_2\}$，在结构中引入初始缺陷 $\{U'_2\}$，其中，$c_2 = \dfrac{\Delta}{U_{max2}}$，求出前 6 阶与之相应的新的一组屈曲荷载 P_{12}，P_{22}，$\cdots$，P_{62}，并计算出相应的屈曲模态 $\{U\}_{12}$，$\{U\}_{22}$，$\cdots$，$\{U\}_{62}$。

重复以上过程，可按照第 i 阶（$i = 1$，2，$\cdots$，6）的屈曲模态在结构中引入初始缺陷，缺陷比例系数为：

$$c_i = \frac{\Delta}{U_{maxi}} \tag{5-2-48}$$

求出与之相应的屈曲荷载 P_{1i}，P_{2i}，$\cdots$，P_{6i}，并计算出相应的屈曲模态 $\{U\}_{1i}$，$\{U\}_{2i}$，$\cdots$，

$\{U\}_{6i}$。

将以上求出的屈曲荷载 P_{ji}（i，$j=1$，2，…，6，i 为组，j 为阶次）按照由小到大的顺序排列，选出最小的屈曲荷载 $P_{\min}$ 和相应的屈曲模态 U，则可将最小屈曲荷载值 $P_{\min}$ 定义为结构的临界屈曲荷载值 P_{cr}。

5.2.4.3 结构失效预警参数

判断弦支穹顶结构预应力张拉是否失效或接近失效，需要实用的失效判别参数，进而建立失效判别方法。当预应力张拉到结构的屈曲临界荷载时，弦支穹顶结构将失效，因此，可将屈曲临界荷载作为结构失效的判别参数。定义相对屈曲临界荷载 μ_{cr}，即

$$\mu_{cr} = 0.001 \times \lambda_{cr} \times T_1/G \tag{5-2-49}$$

式中 μ_{cr}——相对屈曲临界荷载值；

λ_{cr}——屈曲临界荷载因子；

G——结构自重（kN/m^2）。

相应地有

$$\mu_T = 0.001 \times t \times T_1/G \tag{5-2-50}$$

式中 μ_T——超张拉水平 t 下的实际预拉力相对值。

当超张拉水平 t 满足 $\mu_T < \mu_{Tcr}$ 时，则结构是稳定的，t 没有过大；反之，则 t 过大。μ_{cr} 是结构失效的上限值，实际工程中可对参数 μ_{cr} 进行折减，以指导实际弦支穹顶结构预应力张拉施工。

另外，结构上部单层网壳关键点的变形也可作为判别参数。在预应力张拉中，弦支穹顶结构关键点出现的变形与失效模式具有接近或相同的变化趋势，对于本节算例是相对于顶点，周边第三环非肋节点发生向上位移，且变形增长加快，则认为结构出现了失稳的征兆，已经达到失效的下限，此时不应再对结构施加更大的预应力。

5.2.5 弦支穹顶结构特征值屈曲分析

以下结合具体算例，介绍弦支穹顶结构屈曲模态和失效模式分析方法。

5.2.5.1 数值分析模型

基于有限元法，分别采用本节所提方法和一致缺陷模态法，针对弦支穹顶结构的屈曲荷载和屈曲模态进行分析。结构数值模型及节点编号如图 5-2-2 所示，结构跨度为 90m，

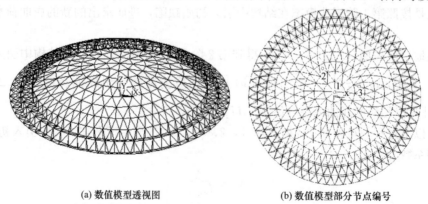

(a) 数值模型透视图   (b) 数值模型部分节点编号

图 5-2-2 结构数值模型

矢高为 15m。经极限承载力和稳定性分析[26]，单层网壳第 9 环和第 8 环杆件截面为 $\phi299 \times 10$，其他网壳杆件的截面为 $\phi189 \times 9$，撑杆截面为 $\phi159 \times 5$；从外而内布置两道环索，环索和径向索型号分别为钢丝绳 5×55 和 5×37，内、外环索索力可分别取 150kN、300kN。分别采用 Beam189 单元模拟单层网壳梁单元、Link8 模拟撑杆、Link10 模拟拉索，周边为固定铰支座。预应力施工方法采用同步张拉环索法，且每环索均匀施加预应力，索夹固定。结构初始缺陷幅值 $\Delta = L/300$。

5.2.5.2　特征值屈曲迭代分析

1. 完善弦支穹顶结构屈曲分析

表 5-2-1 给出了完善弦支穹顶结构的前 6 阶屈曲临界荷载因子 λ_i（$i=1$，…，6），图 5-2-3 中 6 个子图分别给出了结构的前 6 阶屈曲模态 U_i（$i=1$，…，6）。第 1 阶 $\{U\}_1$ 模态为局部失稳，如图 5-2-3（a）所示；第 2、3 阶模态 $\{U\}_2$、$\{U\}_3$ 为小范围的整体失稳模态，如图 5-2-3（b）、（c）所示；第 4～6 阶模态为中间单层网壳整体失稳，分别如图 5-2-3（d）～（f）所示。

完善弦支穹顶结构屈曲临界荷载因子　　　　　　　　　　表 5-2-1

模态阶数 i	1	2	3	4	5	6
λ_i	26.585	27.88	28.688	32.354	33.432	33.543

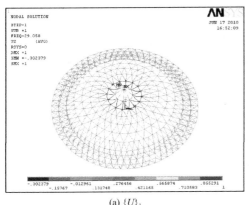

(a) $\{U\}_1$

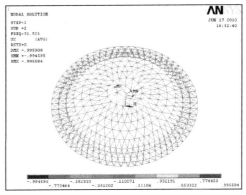

(b) $\{U\}_2$

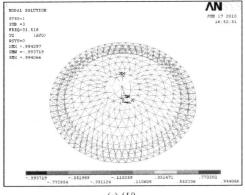

(c) $\{U\}_3$

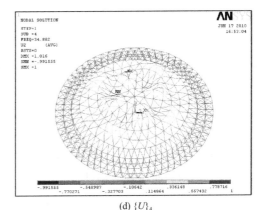

(d) $\{U\}_4$

图 5-2-3　完善弦支穹顶结构的前 6 阶屈曲模态（一）

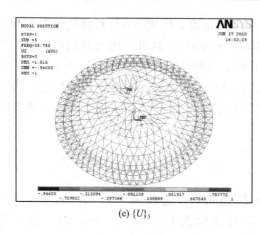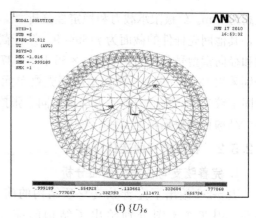

(e) $\{U\}_5$ (f) $\{U\}_6$

图 5-2-3　完善弦支穹顶结构的前 6 阶屈曲模态（二）

2. 考虑初始缺陷的弦支穹顶结构屈曲模态

对完善结构施加以完善结构的第 i 阶屈曲模态 $\{U\}_i$ 为缺陷构型的缺陷值（$i=1$，…，6）。缺陷调整比例系数为 $c=\Delta/\{U\}_{maxi}$（$i=1$，…，6）。对施加缺陷后的结构进行特征值屈曲分析，得到缺陷结构前 6 阶 λ_{ji}（$i=1$，…，6；$j=1$，…，6），如表 5-2-2 所示。将表 5-2-2 中 λ 值进行从小到大排序，选取前 6 阶 λ，如表 5-2-3 所示。

考虑初始缺陷结构的屈曲临界荷载因子　　　　　　　　表 5-2-2

		$i=1$		$i=2$		$i=3$		$i=4$		$i=5$		$i=6$
						λ_{ji}						
	1	27.153	1	17.985	1	18.018	1	15.547	1	16.548	1	16.310
	2	27.198	2	20.823	2	20.757	2	16.572	2	18.298	2	18.038
j	3	28.126	3	25.513	3	25.382	3	16.707	3	18.841	3	19.254
	4	28.158	4	28.047	4	27.975	4	17.243	4	22.031	4	21.991
	5	28.798	5	30.392	5	30.393	5	22.261	5	23.182	5	23.269
	6	31.347	6	30.505	6	30.508	6	22.646	6	23.983	6	23.883

考虑初始缺陷结构前 6 阶 λ 和 $\{U\}$　　　　　　　　表 5-2-3

阶数 i	1	2	3	4	5	6
最小屈曲临界荷载因子	λ_{14}	λ_{16}	λ_{15}	λ_{24}	λ_{34}	λ_{44}
屈曲临界荷载因子	15.547	16.31	16.548	16.572	16.707	17.243
对应屈曲模态	$\{U\}_{14}$	$\{U\}_{16}$	$\{U\}_{15}$	$\{U\}_{24}$	$\{U\}_{34}$	$\{U\}_{16}$

图 5-2-4 给出了考虑初始缺陷结构的前 6 阶屈曲模态。从图 5-2-4 各子图可知，结构失稳模态是单层网壳 3 环（包括 3 环）以内局部若干节点上凸及顶点下凹引起的整体失稳。

从图 5-2-4 中可知结构最低屈曲临界荷载产生在首次引入完善结构的第 5 阶模态作为缺陷构型后，即结构特征值迭代法求得结构的屈曲临界荷载因子 $\lambda_{cr}=15.547$。

5.2.5.3　预应力张拉失效模式

根据前文定义，图 5-2-4（a）所示的结构构型即为结构临界屈曲模态 $\{U_{cr}\}$。由该图可知，在屈曲临界荷载因子 $\lambda_{cr}=14.262$ 下，弦支穹顶结构发生第 3 环非肋点 2 节点的局部凸出及 1 节点（顶点）的下凹引起的非对称性失稳。若预应力超张拉过程中出现与该变形趋势相同的变形，则认为结构出现了失稳征兆。此时，外环环索预应力为 4278kN，μ_{cr} 为 14.171。

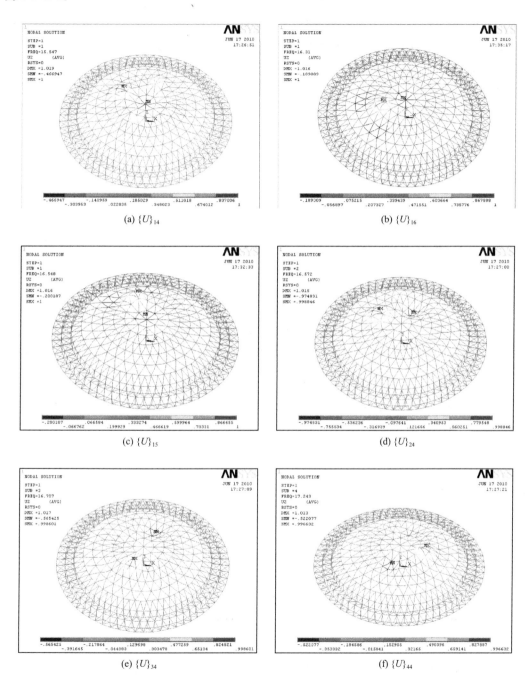

(a) $\{U\}_{14}$

(b) $\{U\}_{16}$

(c) $\{U\}_{15}$

(d) $\{U\}_{24}$

(e) $\{U\}_{34}$

(f) $\{U\}_{44}$

图 5-2-4　考虑初始缺陷结构前 6 阶屈曲模态

从上述计算过程和计算结果可知，对于给定的具有某初始几何缺陷的弦支穹顶结构，在给定的张拉施工方法下，结构的失效模式是唯一确定的，即一旦结构体系和张拉方案确定，结构失效模式是唯一的。

5.2.5.4 预应力张拉失效预警

张拉环索时，预应力不宜超过屈曲临界荷载，μ_{cr}可作为张拉失效预应力的上限。实际工程中，由于结构的特征值屈曲分析忽略了结构的几何非线性等特性，由特征值屈曲分析得到的μ_{cr}是结构失效的上限，一般是保守的，根据经验，实际结构预应力相对值μ_T不宜超过 0.5 倍的μ_{cr}。当结构在张拉过程中的变形出现失效模式的构型或趋势时，结构可能已达到或接近失效的下限，对于本节来说，当弦支穹顶结构出现第三环非肋点 2 节点的局部凸出及 1 节点（顶点）的下凹的趋势时，认为结构已达到或临近失效的下限，若继续预应力张拉则可能导致结构失效。此时，应停止预应力张拉，重新评估预应力张拉方案，采取相应措施改善结构的性能。

5.2.5.5 结论

针对弦支穹顶结构预应力张拉施工过程中的结构稳定承载力，根据结构失效准则，采用特征值屈曲分析理论，提出了基于有限单元法的特征值迭代法；采用该方法研究了具有初始几何缺陷的弦支穹顶结构施工过程失效模式，得出以下结论：（1）弦支穹顶结构预应力超张拉失效模式为初始特征值首次缺陷施加计算出的最低阶模态，该失效模式为网壳第 3 环非肋局部节点上凸及顶点部位节点的下凹所引起的整体结构失效；（2）预警参数的上限为结构预应力超张拉下结构的相对屈曲临界荷载值μ_{cr}；并取与失效模式相仿的节点位移作为结构失效的下限，此时不应再对结构施加更大的预应力；（3）根据经验，结构预拉力相对值μ_T不宜超过 0.5 倍的μ_{cr}。实际工程中，可对参数μ_{cr}根据实际情况进行折减，以指导实际弦支穹顶结构预应力张拉施工。

5.3 结构施工期案例分析

5.3.1 计算算例

5.3.1.1 算例 1

1. 数值模型

为了验证本节所提算法（CPDCFFM）的正确性和精度，以平面半刚性结构——张弦梁结构模型为例，进行施工找形分析。

张弦梁结构模型的初始状态几何和节点编号如图 5-3-1（a）所示，杆件编号如图 5-3-1（b）所示。张弦梁结构上弦为拱梁，惯性矩 $I_b=2.43\times10^8\,\mathrm{mm}^4$，截面面积 $A_b=22416\,\mathrm{mm}^2$，弹性模量 $E_b=2.06\times10^5\,\mathrm{MPa}$；撑杆的截面面积 $A_s=2309\,\mathrm{mm}^2$，弹性模量 $E_s=2.06\times10^5\,\mathrm{MPa}$；索的截面面积 $A_c=1320\,\mathrm{mm}^2$，弹性模量 $E_c=1.85\times10^5\,\mathrm{MPa}$。模型在找形中无出现失稳状况，支座一端铰支座，另一端为滑移支座。预拉力施工方式采用从左向右的张拉方式。

2. 施工过程找形分析

分别采用不考虑施工过程的双控法 DCFFM（即采取所有索段一次同步张拉到位方式）和控制施工过程的双控法 CPDCFFM 进行施工找形计算。表 5-3-1、表 5-3-2 分别给出了

DCFFM 和 CPDCFFM 方法所求的结构放样态坐标。

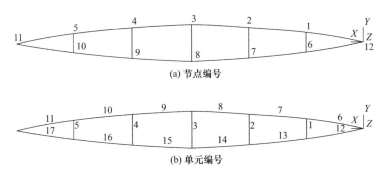

(a) 节点编号

(b) 单元编号

图 5-3-1　数值模型的单元和节点编号

			DCFFM 所得放样态		表 5-3-1
节点编号	x (m)	y (m)	节点编号	x (m)	y (m)
1	12.1371	2.3860	6	12.2004	−1.6315
2	24.1069	3.8531	7	24.1621	−2.5546
3	36.1032	4.3474	8	36.1032	−2.8526
4	48.0995	3.8531	9	48.0443	−2.5546
5	60.0693	2.3860	10	60.0060	−1.6315

			CPDCFFM 所得放样态		表 5-3-2
节点编号	x (m)	y (m)	节点编号	x (m)	y (m)
1	11.8881	1.6272	6	11.8244	−2.3903
2	23.9123	2.5475	7	23.8567	−3.8603
3	35.9152	2.8444	8	35.9152	−4.3556
4	47.9181	2.5475	9	47.9737	−3.8603
5	59.9423	1.6272	10	60.0059	−2.3903

比较表 5-3-1、表 5-3-2 可知，DCFFM 和 CPDCFFM 两种方法所获得的放样态存在差异，其最大相对误差出现在图 5-3-2 所示的 3 节点 y 向坐标，其值为 52.84%。

采用考虑不施工过程的双控法 DCFFM 所求得温度为 −432℃，而 CPDCFFM 法所求的温度为 −438℃，略有差异。

从上述两种方法寻找的初始冷冻温度和放样态的结果可知，施工进程可对结构的成形结果产生影响。

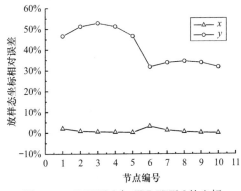

图 5-3-2　DCFFM 和 CPDCFFM 的坐标相对误差

3. 实际施工成形终态误差的模拟分析

利用 DCFFM 和 CPDCFFM 所获得的初始冷冻温度和放样态，按照实际施工中，由左而右、各个环索一次张拉到位的张拉方法，分别对该结构进行施工全过程模拟计算。

由表 5-3-3、表 5-3-4 可知，DCFFM 和 CPDCFFM 两种方法所获得的放样态存在微小的相对误差，较大的误差出现在 3 节点 y 向坐标，为 0.3%（图 5-3-3）。用两种方法最终所获得的成形终态的索力相差甚微。坐标和索力终态差别较小是由于结构的预拉力设计值较小引起的，同时结构拉索采用了直线索单元模拟，这种简化弱化了索力的差别。因此，对于张弦梁结构施工找形分析，DCFFM 和 CPDCFFM 两种方法所获得的成形终态的外形和索力有差异，CPDCFFM 较为精确；差异较为微小则说明该结构对施工进程的敏感性不是很强。

DCFFM 终态成形表 表 5-3-3

节点编号	x（m）	y（m）	节点编号	x（m）	y（m）
1	11.99998	2.008939	6	11.99997	−2.00906
2	23.99999	3.203895	7	23.99998	−3.20410
3	35.99999	3.599879	8	35.99999	−3.60012
4	47.99999	3.203895	9	48.00102	−3.20410
5	59.99999	2.008939	10	60.00104	−2.00906

CPDCFFM 终态成形表 表 5-3-4

节点编号	x（m）	y（m）	节点编号	x（m）	y（m）
1	12.000	2.009	6	12.000	−2.009
2	24.000	3.204	7	24.000	−3.204
3	36.000	3.600	8	36.000	−3.600
4	48.000	3.204	9	48.000	−3.204
5	60.000	2.009	10	60.000	−2.009

5.3.1.2 算例2

1. 数值模型

为验证本节所提可考虑施工进程的双控施工找形非线性算法（CPDCFFM）的正确性和有效性，采用 CPDCFFM 对文献［27］中的一算例进行分析，并与该文献采用的不考虑施工进程的双控施工找形非线性算法（DCFFM）的计算结果进行对比。算例采用某实际椭圆形弦支穹顶结构，其长轴跨度为 114.08m，短轴跨度为 76.04m，矢高为 21.08m，结构上部网壳为单层网壳，其中心部位的网格形式为 K8型、外围部位的网格形式为联方型；下部的索系为 Levy 索系，设 8 道环索。构件采用的单元划分和单元类型与文献［27］一致，结构数值模型和节点编号如图 5-3-4 所示。拉索的椭圆形布置导致同一环索中各段的预拉力不再相同，在求解时，采用控制同道环索中的最大索力值。

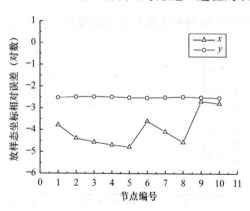

图 5-3-3 DCFFM 和 CPDCFFM 的坐标相对误差（取对数）

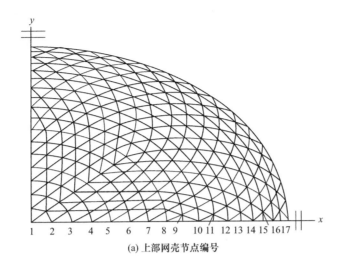

(a) 上部网壳节点编号

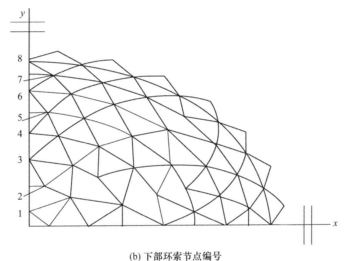

(b) 下部环索节点编号

图 5-3-4　数值模型和节点编号

2. CPDCFFM 与 DCFFM 对比分析

（1）施工找形分析

采用 CPDCFFM 所求得的 8 道环索初应变与文献［7］中采用 DCFFM 所求的初应变有很大差异，二者相对误差如图 5-3-5 所示，由该图可知，第 6 道环索处的初应变差异最大，达 35%。

采用 CPDCFFM 所求得的弦支穹顶结构的放样态和采用 DCFFM 所求的放样态[7]有较大差异，二者 3 向坐标的相对误差如图 5-3-6 所示。从该图中可知，二者坐标最大误差发生在 x 向，出现在网壳节点 16 处。

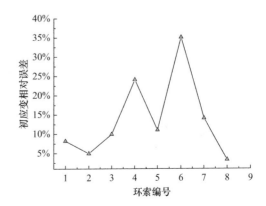

图 5-3-5　PDCFFM 与 DCFFM 所求的环索初应变相对误差

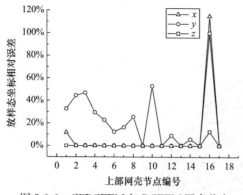

图 5-3-6   CPDCFFM 与 DCFFM 网壳节点
放样态 3 向坐标相对误差

（2）实际施工成形终态误差的模拟分析

利用 CPDCFFM 和 DCFFM 所获得的初应变和放样态，按照实际施工中，由外而内、每道环索一次张拉到位的环索张拉方法，分别对该结构进行施工全过程模拟计算。

利用 CPDCFFM 和 DCFFM 的找形结果（放样态和初应变），可模拟计算出成形终态网壳节点的实际坐标与设计值之间的相对误差（取常对数），如图 5-3-7 所示。由该图可知，利用 CPDCFFM 计算出的网壳节点成形终态实际 z 向坐标的相对误差远小于采用 DCFFM 所计算的值，后者中网壳节点 2 的 z 向坐标误差最大值达 0.448m，顶点节点 1 误差为 0.444m，影响了弦支穹顶结构的起拱值，将导致外形和设计值有较大偏差。计算发现，CPDCFFM 计算出的环索节点成形终态的 y 向实际坐标与设计值之间误差很小，而采用 DCFFM 的计算值（取对数）与设计值之间则存在较大误差，如图 5-3-8 所示。其中，第 1 道拉索节点 1 的 y 向坐标误差最大值达 5.122m，且该索成形终态与设计值态相比，发生了很大的平面转动，影响结构内部美观，并可能带来结构力学性能的改变，甚至影响到后续的使用和维修。

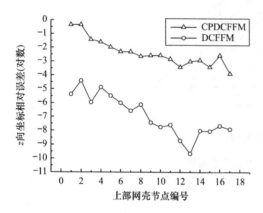

图 5-3-7   网壳节点成形终态 z 向坐标
与设计值误差（取对数）

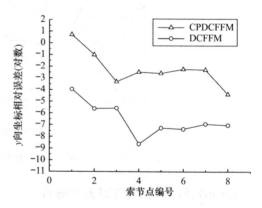

图 5-3-8   索节点成形终态 y 向坐标
与设计值误差（取对数）

利用 CPDCFFM 与 DCFFM 计算出的成形终态环索的实际索力与设计值之间的相对误差如图 5-3-9 所示。从图 5-3-9 可看出，利用 CPDCFFM 的计算结果获得的成形终态各环索索力与设计值的误差均小于 2%，满足较高工程精度的需要。但采用 DCFFM 计算结果，获得的成形终态各环索索力与设计值的相对误差均大于 5%，且在第 1 道环索处最大索力误差达到 110%。

由前述分析表明，CPDCFFM 与 DCFFM 的施工找形结果（放样态和初应变）存在一定差异。分析表明，采用 DCFFM 的找形结果，进行施工过程分析，其成形终态的位形和索力均和设计值存在较大误差；而采用所提出的 CPDCFFM 的计算结果，可最终获得较高精度的成形态位形和拉索索力，验证了该算法可准确考虑实际施工过程因素的影响，并准确实现对弦支穹顶结构施工找形的双重控制和计算，具有较高的计算精度。该理论和计算方法可为建造与设计态高精度符合的弦支穹顶结构提供科学的理论依据。

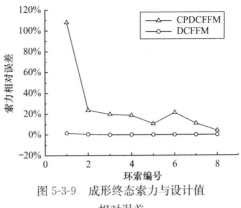

图 5-3-9　成形终态索力与设计值相对误差

5.3.1.3　算例 3

1. 数值模型

为验证本节所提出的可考虑施工进程的双控施工找形非线性算法（CPDCFFM）的正确性和有效性，采用 CPDCFFM 对一算例进行分析，并与采用的不考虑施工进程的双控施工找形非线性算法（DCFFM）[24] 的计算结果进行对比。算例采用的弦支穹顶结构跨度为 90m、矢高为 15m，上部结构为 K8-联方型单层网壳，弦支穹顶结构构件采用的单元划分和单元类型参见文献 [12]，该结构符合静动力性能[25] 的要求，结构数值模型和节点编号如图 5-3-10 所示。

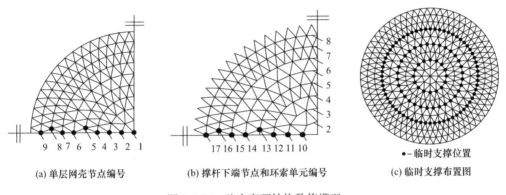

(a) 单层网壳节点编号　　　　(b) 撑杆下端节点和环索单元编号　　　　(c) 临时支撑布置图

图 5-3-10　弦支穹顶结构数值模型

2. CPDCFFM 与 DCFFM 对比分析

（1）施工找形分析

采用 CPDCFFM 所求得的 5 道环索初应变与采用 DCFFM 所求的初应变有很大差异，二者相对误差如图 5-3-11 所示，由该图可知，第 8 道环索处的初应变差异最大，达 136%。

采用 CPDCFFM 所求得的弦支穹顶结构的放样态和采用 DCFFM 所求得的放样态[7] 有较大差异，二者 3 向坐标误差如图 5-3-12 所示。从该图中可知，两种方法所获得的坐标最大误差发生在 z 向，出现在单层网壳节点 7 处。

（2）实际施工成形终态误差的模拟分析

利用 CPDCFFM 和 DCFFM 所获得的初应变和放样态，按照实际施工中，由外而内、每道环索一次张拉到位的环索张拉方法，分别对该结构进行施工全过程模拟计算。

利用 CPDCFFM 和 DCFFM 的找形结果（放样态和初应变），可模拟计算出的成形终态网壳节点的实际坐标与设计值之间的误差，如图 5-3-13 所示。由该图可知，利用 CPD-CFFM 计算出的网壳节点成形终态实际 z 向坐标的误差远小于采用 DCFFM 所计算的值，后者结果中索撑节点 16 的 z 向坐标误差最大值达 0.064m，顶点节点 1 误差为 0.015m，影响了弦支穹顶结构的起拱值，将导致外形和设计值出现偏差。同时，计算发现，CPD-CFFM 计算出的环索节点成形终态的 y、z 向实际坐标与设计值之间误差很小，而采用 DCFFM 的计算值与设计值之间则存在一定的误差。综上所述，坐标误差的存在将不同程度地影响结构外形，可带来结构力学性能的改变，甚至影响到后续的使用和维修。

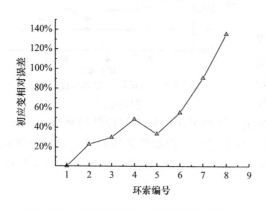

图 5-3-11 CPDCFFM 与 DCFFM 所求的环索
初应变相对误差

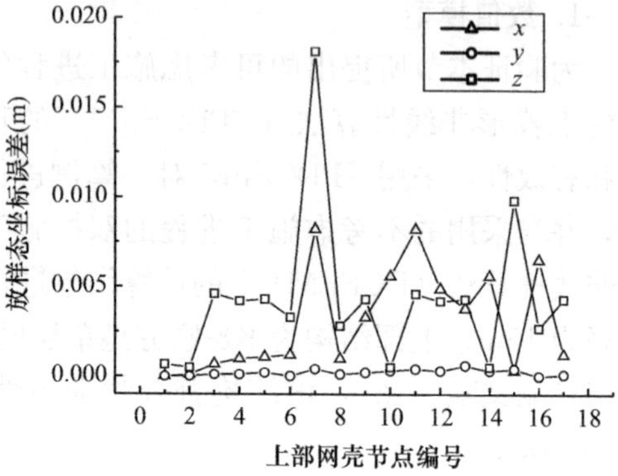

图 5-3-12 CPDCFFM 与 DCFFM 节点
放样态 3 向坐标误差

利用 CPDCFFM 与 DCFFM 计算出的成形终态环索的实际索力与设计值之间的相对误差如图 5-3-14 所示。从图 5-3-14 可看出，利用 CPDCFFM 的计算结果获得的成形终态各环索索力与设计值的误差均小于 0.5%，满足较高工程精度的需要。但采用 DCFFM 的计算结果，获得的成形终态各环索索力与设计值的相对误差均较大，在第 3 道环索处，最大索力误差达到 12.6%。

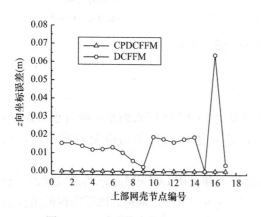

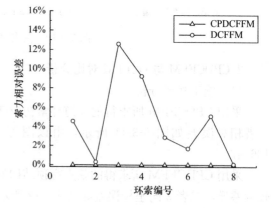

图 5-3-13 成形终态节点 z 向坐标
与设计值误差

图 5-3-14 成形终态索力与设计值相对误差

由前述分析可知，CPDCFFM 与 DCFFM 的施工找形结果（放样态和初应变）存在一定差异。分析表明，采用 DCFFM 的找形结果进行施工过程分析，其成形终态的位形和索力均和设计值存在较大误差；而采用所提出的 CPDCFFM 的计算结果，可最终获得较高精度的成形态位形和拉索索力，验证了该算法可准确考虑实际施工过程因素，包括施工中各施工工艺因素（比如临时支撑等）的影响，并准确实现对弦支穹顶结构施工找形的双重控制和计算，具有较高的计算精度。该理论和计算方法可为建造与设计态高精度符合的弦支穹顶结构提供科学的理论依据。

5.3.2　实例分析

为了更好地验证所提出的伺服施工过程控制方法的可行性和精度，以 2008 年奥运会羽毛球馆屋盖弦支穹顶结构[26]为例，进行算例分析。该结构跨度为 93m，矢高为 9.3m，结构数值分析模型如图 5-3-15 所示。表 5-3-5 给出了预应力初始设计值、实际张拉方案和起拱值（mm）。

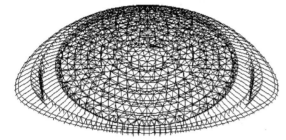

(a) 数值分析模型　　　　　　　　　　(b) 结构主体部分模型图

图 5-3-15　弦支穹顶结构数值模型

起　拱　值（mm）　　　　　　　　　　　　　　　表 5-3-5

张拉目标	参照张拉力	2 点
设计值	110%T	108
第一阶段实测值	70%T	28
第二阶段实测值	90%T	59
最后阶段实测值	110%T	77

5.3.2.1　结构实际施工过程和成形终态

首先现场安装好网壳并吊装至设计位置，然后对 5 道环索分 3 阶段进行同步张拉施工：第一阶段张拉到参考张拉力为 70% 设计值（网壳脱离临时支撑），并测量结构内力和位移数据（监测点如图 5-3-16 所示）；第二阶段张拉到参考张拉力为 90% 设计值，并测量结构内力和位移数据；第三阶段张拉至参考张拉力 110%，此时目标控制点 2 位移为 77mm，如表 5-3-5 所示，超张拉施工完成。实际上，张拉施工结束时，控制点 2 并没有达到张拉起拱目标值 108mm，因此，施工成形终态与设计态相差较大。

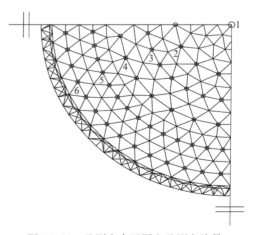

图 5-3-16　监测点布置图和监测点编号

5.3.2.2　基于双控法的伺服施工过程分析

根据前文推导的伺服施工过程控制理论，针对上述实例和相关监测数据，进行伺服施工过程控制分析。

首先编制基于 BP 神经网络的索撑节点摩阻力识别程序 BPPR[12]，该程序可根据结构数值模型起拱值 v 和索力 T 值，识别计算此时结构实际的索撑节点摩阻力系数 f_n。经验算，程序 BPPR 的识别误差小于 4%。

根据上层网壳吊装完成后的结构几何测量数据修正结构数值模型，并发现结构控制点 2 位置的高度比实际低了 8mm。根据式（5-2-17）知，$e=8mm$，认为精度不满足式（5-2-18），因此，张拉起拱目标修正为 116mm。

根据第一阶段张拉监测的索力和起拱数据，依据程序 BPPR，识别计算 f_n 为 0.059。根据第二阶段张拉监测的索力和起拱数据，依据程序 BPPR，识别计算 f_n 为 0.054。由此认为张拉过程中，实际摩阻力系数为两者的平均值 0.056，认为精度不满足式（5-2-19），需要对结构数值模型进行修正。

根据计算出的摩阻力系数 0.056，修正结构数值模型，重新进行第三阶段的施工找形分析。经过计算，张拉目标点 2 位移为张拉起拱目标值（116mm）时，参照张拉力为 1.43 倍设计值，此时最外道索力实际内力值为 2710kN，设计目标值为 2661kN，其误差仅为 1.8%，认为满足精度的要求，即伺服施工过程可较高精度地实现外形和索力的双重施工过程控制，且成形终态满足实际态的外形和索力的双控要求。

参考文献

[1] 陈务军，富玲，袁行飞，等. 斜拉桥施工控制分析中线性与非线性影响分析 [J]. 中国公路学报. 1998，11 (2)：52-58.

[2] 陈德伟，郑信光，项海帆. 混凝土斜拉桥的施工控制 [J]. 土木工程学报. 1993，26 (1)：1-11.

[3] 钟万勰，刘元芳，纪峥. 斜拉桥施工中的张拉控制和索力调整 [J]. 土木工程学报. 1992，25 (3)：9-15.

[4] Ko JM, Xue SD, Xu YL. Modal analysis of suspension bridge deck units in erection stage [J]. Engineering Structures. 1998，20 (12)：1102-1112.

[5] Zhong Y. Displacement of prestressed structures [J]. Computer Methods Applied in Mechanics and Engineering. 1997，144：51-59.

[6] 陈建兴. 张弦梁结构张拉过程结构性能. [D]. 上海：同济大学，2006.

[7] Kawaguchi M, Abe M, Hatato T, et al. Structure tests on the "suspendome" system [C]. In：Proc. of IASS Symposium, Atlanta, 1994：384-392.

[8] Schrefler B A, Odorizz S. A Total Lagrangian Geometrically Nonlinear Analysis of Combined Beam and Cable Structures [J]. Computers and Structures，1983，1：115-127.

[9] Pellegrino S, Calladine CR. Matrix analysis of statically and kinematically indeterminate frameworks [J]. Int J Solids Struct，1986，22 (4)：409-428.

[10] Wu X, Ghaboussi J, Gerrett JH. Use of Neural Networks in Detection of Structural Damage [J]. Computers & Structures, 1992，42 (4)：649-659.

[11] Mitsuru Nakamura, Sami F Mari, Anatassios G Ghassiakos, et al. A Method for Non-parametric Damage Detection through the Use of Neural Networks [J]. Earhquake Engineering and Structural Dynamics，1998，27：997-1010.

[12] 刘慧娟. 弦支穹顶结构施工过程模拟分析研究 [D]. 上海：同济大学，2009.

［13］　全国建筑施工生产安全事故分析报告［R］．湛江建设信息网，2007.

［14］　郑志英．联方型单层球面网壳结构地震作用下的动力稳定性研究［D］．北京：北京工业大学，2008.

［15］　Chuan K. The basic theory of spatial structure design［J］. Astigmatic design and case design. Architectural Institute of Japan，2001.

［16］　李红雨．刚性屋面板索穹顶静动力性能研究［D］．天津：天津大学，2007.

［17］　何键．索杆体系的可靠性研究与施工模拟分析［D］．杭州：浙江大学，2007.

［18］　付智强．弦支穹顶结构动力灾变研究［D］．杭州：浙江大学，2008.

［19］　杨瑞刚．大型钢结构系统失效模式与系统可靠性研究［D］．太原：太原科技大学，2004.

［20］　董聪．现代结构系统可靠性理论及其应用［M］．北京：科学出版社，2001.

［21］　李政方．弦支穹顶结构的静力性能及稳定性分析［D］．武汉：武汉理工大学，2009.

［22］　陈为．弦支穹顶结构稳定性分析［D］．北京：北京工业大学，2007.

［23］　刘学春，张爱林，葛家琪，等．施工偏差随机分布对弦支穹顶结构整体稳定性影响的研究［J］．建筑结构学报．2007，28（6）：76-82.

［24］　秦亚丽．弦支穹顶结构施工方法研究和施工过程模拟分析［D］．天津：天津大学，2006.

［25］　钢结构设计标准：GB 50017—2017．北京：中国建筑工业出版社，2017.

［26］　王泽强，秦杰，徐瑞龙，等．2008 年奥运会羽毛球馆弦支穹顶结构预应力施工技术［J］．施工技术，2007，36（11）：9-11.